《理想空间》系列丛书欢迎您的投稿

淘宝网：http://shop35410173.taobao.com/
官方网站：http://idspace.com.cn
投稿邮箱：idealspace2008@163.com
联系人：管娟
电话：021-55619588-1151

将出书目如下，敬请期待！

公共设施网点布局规划
旅游度假区规划设计（自然篇）
城市地下空间规划与设计

城市新风水
海绵城市

IDEALSPACE 理想空间合作单位

主编简介

袁磊

上海同济城市规划设计研究院，硕士，副主任规划师，国家注册城市规划师。

主要从事城乡规划与设计工作，研究领域为城市设计、城市风貌与特色规划、城市更新与改造。曾在《规划师》和《理想空间》等国内刊物上发表多篇文章。曾荣获上海同济城市规划设计研究院2014年度院级优秀城乡规划设计一等奖和三等奖。主要负责的项目有《广东省遂溪县县城总体规划（2010-2030)》、《宜川县丹州新区控制性详细规划及城市设计》、《广西贵港市西江科技创新产业城概念性规划》等。

图书在版编目（CIP）数据

城市风貌与特色规划／袁磊主编．

上海：同济大学出版社，2015.5

（理想空间；66）

ISBN 978-7-5608-5848-7

Ⅰ．①城… Ⅱ．①袁… Ⅲ．城市规划－研究－中国

Ⅳ．① TU984.2

中国版本图书馆 CIP 数据核字（2015）第 108261 号

理想空间
2015-05（66）

编委会主任	夏南凯　王耀武
编委会成员	（以下排名顺序不分先后）
	赵　民　唐子来　周　俭　彭震伟　郑　正
	夏南凯　蒋新颜　缪　敏　张　榜　周玉斌
	张尚武　王新哲　桑　劲　秦振芝　徐　峰
	王　静　张亚津　杨贵庆　张玉鑫　胡献丽
	焦　民　施卫良
执行主编	王耀武　管　娟
主　编	袁　磊
责任编辑	由爱华
编　辑	管　娟　郭长升　陈明龙　姜　岩　陈　杰
	姜　涛　胡立博
责任校对	徐春莲
平面设计	陈　杰
网站编辑	郭长升
主办单位	上海同济城市规划设计研究院
承办单位	上海怡立建筑设计事务所
地　址	上海市杨浦区中山北二路 1111 号同济规划大厦 1107 室
邮　编	200092
征订电话	021-65988891
传　真	021-65988891-8015
邮　箱	idealspace2008@163.com
售书 QQ	575093669
淘宝网	http://shop35410173.taobao.com/
网站地址	http://idspace.com.cn
广告代理	上海旁其文化传播有限公司
出版发行	同济大学出版社
策划制作	《理想空间》编辑部
印　刷	上海锦佳印刷有限公司
开　本	635mm x 1000mm　1/8
印　张	16.5
字　数	330 000
印　数	1-10 000
版　次	2015 年 5 月第 1 版　2015 年 5 月第 1 次印刷
书　号	ISBN 978-7-5608-5848-7
定　价	55.00 元

编者按

全球化与快速城市化对中国的城市建设产生了重大的影响，最直观的表现之一就是城市长期发展所形成的地域特征正逐渐弱化，城市的风貌特色正逐步丧失，城市的建设千篇一律，高楼大厦如出一辙，许多有很深厚文化底蕴的城市已经看不到他固有的面貌，随着这些困扰教训越来越深刻，城镇风貌特色问题，城镇环境整治与改善提升等问题越来越被重视。在 2013 年的城镇化工作会议上习近平主席发表了重要讲话，要"提高城镇建设水平"，要"体现尊重自然、顺应自然、天人合一的理念，依托现有山水脉络等独特风光，让城市融入大自然，让居民望得见山、看得见水、记得住乡愁"，要"保护和弘扬传统优秀文化，延续城市历史文脉"。这显然体现了在国家层面对我国城建建设的重视，也表明了我国城市建设已经由"量"的扩张，向"质"的提升迈进，而城市的风貌与特色无疑成为城市"质"的提升中重要的关键因素。

本辑在系统梳理国内外城市风貌与特色规划研究进展的基础上，从具体项目的实践出发，通过代表性的案例，阐述当前城市风貌与特色规划的设计理念和经验。主要分为主题论文、专题案例和他山之石三大板块。主题论文重在对我国城市风貌与特色的认识，从规划的角度提出城镇风貌实现的路径和方法。专题案例从城市总体层面、城市片区及新区层面、重点地段及专项规划层面选取不同尺度和不同层级的规划设计项目，进行经验总结和理念探索。他山之石则以日本的城市风貌保护规划和英国巴斯小镇风貌规划为例，探索国外城市风貌保护与特色规划实践，以期待为我国城市风貌与特色规划的研究提供一个崭新的视角。

上期封面：

CONTENTS 目录

Top Article

Subject Case

Over All Urban Level

Urban District and District Level

Key Sections and Special Planning Levels

Voice from Abroad

主题论文
Top Article

浅议城镇风貌特色
Discussion on the Characteristics of Cities and Towns

蒋朝晖 魏 钢 王颖楠
Jiang Chaohui Wei Gang Wang Yingnan

[摘 要] 本文通过对我国城镇建设面貌问题及原因的剖析及对城镇风貌概念、组成等的解读，从规划的角度提出城镇风貌实现的思路和方法。

[关键词] 城镇；风貌；特色

[Abstract] Based on the analyses of the issues and their reasons of cities and towns' characteristics, and the interpretation of the concept and composition of their characteristics, we put forward the ideas and methods of shaping cities and towns' characteristics from the perspective of the urban planning.

[Keywords] Cities and Towns; Cityscape; Characteristics

[文章编号] 2015-66-A-004

1.我国城镇建设面貌的问题：千篇一律、杂乱无章、奇特怪异、尺度夸张
2.短期建成的新区与悠久的古城相比总是缺少了岁月累积的生动和多样
3.全球化令观念、思想以及流行设计元素在全球推广
4.文化不自信的表现之一欧风一度盛行（上图为安徽阜阳市颖泉区政府，下图为上海平安保险公司）

在我国城镇的快速扩张阶段，发展往往被摆在最重要的位置，风貌特色相对被忽视，因为"发展"意味着经济效益，意味着做大做强，意味着任期政绩，这也是为什么虽然"特色"在"发展"之初起就在口头上强调，但"千城一面"仍然在不断发生的原因之一。随着我国城镇化进程的放缓，随着城镇环境问题带来的困扰教训越来越深刻，城镇风貌特色问题，城镇已建地区的环境整治、改善提升问题越来越被重视。在2013年的城镇化工作会议上习近平主席发表了重要讲话，对今后城镇化工作提出了6项主要任务，"提高城镇建设水平"是其中之一。显然，"质"的提升已与"量"的扩张至少同等重要，城镇风貌特色问题正是"城镇建设水平"的重要内容之一。

一、我国城镇风貌存在的问题及其原因

1. 当前我国城镇建设面貌呈现的主要问题

从视觉表象来看，我国城镇风貌的主要问题大致可概括为千篇一律、杂乱无章、奇特怪异、尺度夸张等情况。千篇一律是指许多新区建设过于关注功能和效率，忽视特色和变化，形成非常单调、无情感的城镇面貌；杂乱无章是指由于缺少控制，各自为政的局部造成混乱无序的整体；奇特怪异是指一些设施及建筑争奇斗艳，追求"新、奇、特"，影响城镇面貌；尺度夸张是指追求气势或效率，形成的巨大城镇设施如大马路、大立交、大建筑等严重脱离人的尺度。

以上的种种现象是我国城镇建设中经常看到的，特别是很多城镇在建设中忽视自身的自然环境、历史文化特点，呈现出千城一面的景象，无论是南方城镇还是北方城镇，无论是普通城镇还是旅游城镇，其街道格局、楼宇形式、树木种植都惊人地相似，从城镇形象上根本分辨不出身处何方。

概括而言，我国城镇风貌特色缺失的情况主要表现在两个方面，第一是共性的问题，即在城镇建设中不了解或不在意一些普适的审美准则，比如尺度、比例、体量等问题，造成城镇面貌的不美观、不舒适；第二是个性的问题，即忽视形成城镇特色的一些要素，主要是忽略城镇所处的自然环境、文化传统、时代特点，造成城镇缺少特色。

2. 我国城镇风貌特色缺失的主要原因

总体来讲，我国城镇风貌特色缺失的深层原因有三：一是城镇建设的短期性与文化积淀的长期性的矛盾；二是全球化的趋同生活方式及文化不自信带来风貌特色危机；三是制度的缺失和漏洞影响了风貌特色的形成。

（1）城镇建设的短期性与文化积淀的长期性的矛盾

一座城镇之所以有特色，很大的一部分源于它背后所代表的文化内涵，物质空间不过是非物质文化的外在表现。城镇文化是一个长期积累的过程，一个城镇往往经历漫长的历史沉淀，加上无数居民的使用、更新、改造、维修等活动而逐渐增加它的多样性、丰富性，可以说文化的表现越丰富、越厚重的城镇，就越具特色。与此同时，我国又处在城镇化的快速发展阶段，最近十年中国的年均城镇化速度达到3.2%，是全世界城镇化速度最快的国家之一。过去，一座城镇需要几十甚至上百年的时间方能形成，而如今，一座新城镇几年时间就建成了。显然，缺少岁月的打磨，缺少文化的滋养和浸润，城镇就失去了特

色形成的最重要来源。

（2）全球化的趋同生活方式及文化不自信带来的特色危机

消费文化的全球普及，使得人们追求同样的生活方式，每座城镇都需要提供同样的设施，比如大型的购物中心、大量的停车设施等。这样的"普适文明"显然给地域性的特色带来巨大的威胁。

另一方面，长期以来，中国传统文化的传承和教育由于历史原因大大受到削弱（自然灾害、"文革"浩劫等带给中华文明巨大的破坏），相反，西方近现代的哲学和思想璀璨耀目，如潮水般涌入中国，我们本土的文化思想相对式微，文化自卑不知不觉间成为集体无意识，在我们高呼文化复兴的当下，正是因为我们尚没有建立文化自信。"崇洋媚外"这个标签并非仅适用一部分人，它甚至深深隐藏在国民的潜意识里。

文化的不自信在城镇建设上，体现在诸如很多地方的新区建设追求欧陆风情、很多地方不重视历史文化地区的保护、很多地方把真的遗迹拆掉建很多假古董等。如果我们对自己的文化传统认识不深，缺乏自信，也就无法认清历史文化遗迹的真正价值，当然体现在行动上也就不会不遗余力地去保护。

（3）制度的缺失和漏洞影响了城镇风貌特色的形成

历史学者有一个观点，叫做"文化无高下，制度有优劣"，就是说一个社会是否健康良好地运转，与所处的文化背景无关（不必动辄称文化背景不同、国情不同），而是取决于社会的运行制度。大到国体政体，小到标准规范，制度的优劣、制度的有无对城镇空间的影响也是巨大的，主要体现在两个方面。

第一个方面是不尽完善的规范对城镇风貌形成特色的机会的屏蔽。紧凑、密集的传统城镇肌理的可能性在我国现有规范下已很难实现。另外，我国幅员广阔，有些一刀切的制度规范忽视了地域差别，也就扼杀了地域特色的形成机会，这也成为"千城一面"的重要原因之一。

第二个方面是特色塑造的监督实施机制不完善或没有严格执行。众所周知，许多地方重点工程的最终决策权在地方行政首脑手中，如果出现专家意见与地方领导意见不同的情况，最终都会按照"权力审美"行事，这在各地重要地区的评标中经常发生。应该说，"权力"在各个领域的强势是很突出的，包括艺术审美领域。权力应受到有效地约束和监督，避免政绩工程、面子工程对城镇特色空间带来的不利影响。

二、关于城镇风貌特色的解析

1. 城镇风貌特色的概念

要解释清楚城镇风貌特色，需要大致辨识两组概念。第一组是特点、特征和特色，第二组是城镇风貌、城镇特色。

"特点"、"特征"和"特色"都表示事物独特的地方。区别在于，"特点"泛指事物的内在及外在的不同之处；"特征"侧重事物外在表现独特的象征或标志；而"特色"则突出

美国棕榈城　　　　　　　　　法国维兹莱古城　　　　　2

5.按我国现行相关规范已无法出现低层高密度的城镇肌理
6.城镇风貌特色更重要的是其表面背后所映射的自然、文化和社会环境的"里"
7.城镇风貌特色的来源
8.贵州省贵安新区核心区特色空间位置及等级示意图

事物由于所处特定环境而产生的内在及外在的不同之处。概括起来，"特点"是个泛指，"特征"强调外在表现，而"特色"强调这个"不同"背后的"环境"，有点"因果"的味道。

"城镇风貌"和"城镇特色"的区别很明显，"城镇风貌"指城镇的风格和面貌，它强调的是城镇内在和外在的表现，不强调区别性，每个城镇都有风格和面貌，无所谓好坏，所谓的千城一面就是指这些城镇的风貌都差不多，实际上明清时期按照营造法式建设的城镇也可以说是千城一面；"城镇特色"则强调城镇内在及外在的不同之处，并且很强调这个城镇所表现出来与众不同之处背后所对应的环境，包括自然环境、文化环境及社会环境。

那么，把握城镇风貌特色不仅需要看到其"不同之处"的"表"，更要参透其背后所映射的自然、文化和社会环境的"里"。因此，城镇风貌特色应当是能够与自然环境和谐相处、体现地方文化、表现时代特点的城镇风格和面貌。

2. 城镇风貌的构成

无论好坏，每座城镇都有自己的风格和面貌，但不一定有特色。城镇风貌通过城镇的功能和格局、空间和设施、氛围和活动等层面的视觉样态为传达和

表现的载体。城镇中人物、事物、景物，都能反映城镇的风貌。

（1）功能和格局

很显然，工业城镇和消费城镇的风貌是完全不同的，这是由城镇的主要功能决定的；同时，城镇格局的差异，比如方格网的城镇与自由格网的城镇在风貌上也会有很大差别。因此，功能和格局是形成城镇风貌的重要方面。

（2）空间和设施

不同形态的空间及塑造空间的设施，包括建筑、种植、街道家具等不同也会给人以不同的风貌感受。比如，街道空间的比例、尺度不同会产生不同的空间感受；街道设施也会给人以或统一、或杂乱之感；而树种的差异也会让人体会到地域的差异等。

（3）氛围和活动

城镇风貌不仅通过城镇物质空间环境来体现，更是通过人的活动来呈现。城镇空间中市民的活动是构成城镇风貌的主要内容，他们的价值观念、生活方式通过言谈举止呈现出来，不同国家、不同城镇的市民，由于生活环境、社会环境等不同，也会表现出不同的面貌。例如：休闲之都成都，体现着安逸、休闲的氛围；巴西的狂欢节体现了那里人们的热情奔放；而泰国的清迈则充满宗教氛围等。

3. 城镇特色的来源

城镇的风貌要体现出特色，必须要从自身挖掘，不是照搬、抄袭、模仿。这个特色来自于城镇所处的自然环境、文化传统和时代发展。

（1）自然环境——特色之本

自然环境是形成城镇特色的基础。许多城镇都有其独特的自然条件、地理环境，如享有东方威尼斯之称的苏州以其绵密的水网为特色；泉城济南闻名于"家家泉水户户垂柳"的秀丽风光；而对于重庆来说，"名城危踞层岩上，鹰瞵鹗视雄三巴"成就了一个山城的美名。

（2）文化传统——特色之魂

文化传统是城镇特色的积淀。历史建筑及历史环境可以反映城镇发展演变的历史和文化，映射出传统文化和民族文化。

表达地方文化是塑造城镇特色的重要方面，其方式主要有二。一是保护和利用好已有的历史文化遗迹，比如上海的"新天地"结合石库门的老房子，引入餐饮、购物、演艺等现代功能形成国际水平的时尚、休闲文化娱乐中心，成为传统和现代有机融合的典范。二是对于缺少历史文化遗迹的地区应注意挖掘和提炼地方的文化特色并体现在城镇建设中。例如乌鲁木齐的新疆国际大巴扎就是一个非常成功的范例，

虽然是新建设施，但大巴扎建筑和空间环境浓郁地体现了民族特色和地域文化，它没有照搬、模仿伊斯兰传统建筑或者堆砌民族符号，而是以现代的功能、结构和工艺诠释了地方民族风。作为建成不到10年的新建筑，大巴扎迅速成为城镇的象征和新地标，这和它完美地体现了地方文化特色是分不开的。

（3）时代发展——特色之新

城镇空间的塑造无法脱离所处的时代，它当然反映着时代的特点，城镇在不同的历史阶段会呈现不同的面貌，也反映着历史的前进。一个有特色的城镇面貌需要回应时代进步的声音，它也许是新兴的产业，也许是创新的思维等。例如阿联酋马斯达尔环保城分布在城中的低碳设施——太阳能收集设施、风能收集设施（风塔）成为城镇空间中的全新元素。又如屈米设计的巴黎拉维莱特公园运用解构的思维颠覆传统公园的设计方式而独树一帜。

三、体现城镇风貌特色的规划路径

1. 定位及定向：回答城镇风貌特色是什么

通过总结、分析、提炼找到一个城镇的风貌特色的定位，才能知道向哪个方向努力，这是指导一系列行动的前提。这个城镇风貌的特色定位可以根据"特色"的来源去找，即前文提到的自然环境、历史文化和时代特点三大方面。举例来说，对贵州省贵安新区未来的城镇风貌特色的定位，可以总结为自然环境特色方面的山水森林之城、文化传统特色方面的文化多元之城，以及时代进步特色方面的生态智慧之城。这个定位是展开城镇风貌具体工作的总目标和方向。

2. 定局及定形：如何体现城镇风貌特色

（1）宏观层面把握城镇风貌的系统、格局

从城镇整体层面对城镇的天然环境、街道系统、开放空间系统、视线景观系统、土地控制体系、建筑控制体系、设施控制体系等内容进行考虑。对于较大城镇，应通过分区的方式将整体风貌分解为各具特点的特征区，各个系统在整体风貌的基础上应当符合各个分区的特点，比如武汉市对中心城区的状况进行了特色分区，用于指导今后城镇改造、新建的风貌方向。

（2）中观层面落实风貌分区的各自特点

这个层面的工作主要集中在特色分区上，在总体宏观层面对分区提出的导则引导下，就如何落实原则性的"特点"展开更具体的工作。其内容接近一般城市设计的内容。这个层面的工作重点一方面是准确、到位地总结分区的各个系统的具体特点，另一方面是合理、恰当地体现在设计导则中。对于历史传统较为深厚的地区，应当特别对传统建筑特色进行专题研究，并总结其要点，为今后的建筑设计提供指引。

这个层面的工作最好能够结合控制性详细规划一起进行，其成果也可分为强制性内容和引导性内容对地块加以控制。另外，风貌分区边界最好和控制性详细规划的控规单元边界、民政部门划的街道办事处边界及规划的居住区边界等要素统一考虑或相协调。

| 自然环境 特色之本 | 文化传统 特色之魂 | 时代发展 特色之新 |

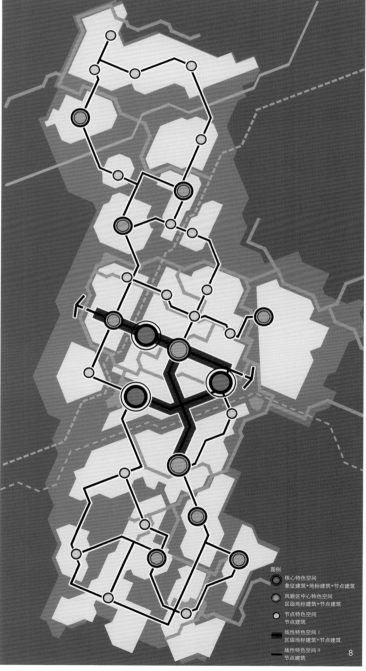

图例
◎ 核心特色空间
象征建筑+地标建筑+节点建筑
◎ 风貌区中心特色空间
区级地标建筑+节点建筑
○ 节点特色空间
节点建筑
━ 线性特色空间Ⅰ
区级地标建筑+节点建筑
━ 线性特色空间Ⅱ
节点建筑

	北京	上海	贵阳
象征建筑	故宫	外滩13号	甲秀楼
地标建筑	国贸三期	东方明珠	海关大楼
节点建筑	清华园	五角场	喷水池
背景建筑			
整体风貌			

传统　原生　传承　折衷　隐喻　时代　现代

10

9.建筑的角色
10.按传统及现代的程度对建筑风格的5级划分

（3）微观层面重点塑造城镇特色空间

人对城镇的感受更多的是从人的感官所能掌控的空间环境来获得的，而在城镇的大量空间中，有一些空间最能够展现甚至代表一座城镇的气质和特色，这一类空间可以称之为城镇特色空间。无论是特色空间还是一般空间，建筑都是塑造这些空间的最重要元素，并且往往是空间中的主角。因此，把握好城镇风貌特色的塑造，关键的位置是城镇特色空间，而落实的主角则是建筑。

特色空间是城镇风貌特色的展示窗口，它往往处在城镇的关键位置，即功能比较核心、文化比较集中、活动比较频繁、景观比较独特的所在。对城镇特色空间的控制包括以下两个方面，第一是识别并界定这些空间，以在城镇设计中予以重点考虑；第二是建立这些空间的良好连结性，形成特色空间能够相互通联的网络，连接的通道也应作为特色空间来加以控制。

特色空间根据其位置及重要性又可以划分为城镇核心特色空间、特征区中心特色空间及各级节点特色空间三类。城镇核心特色空间一般处于整个城镇的中心地区，比如中心广场，周围往往是城镇最重要的公共建筑，是整个城镇的代表和象征；特征区中心特色空间是城镇中各个特征区或风貌区中最能体现该区特点的特色空间，它往往处于特征区或风貌区中的核心位置；节点特色空间一般位于城镇的功能节点处，比如居住区中心、产业区服务中心、校园公共中心处等。不同级别的特色空间周边应与不同角色的建筑相

搭配，关于建筑的角色会在下一小节讨论。

特色空间涉及广场、街道、绿化、建筑、设施等不同要素，在建设过程中，可能分属不同的业主、在不同的时间段建设，各个环节容易陷入只见自己、不见其他的误区，因此对其所有组成要素的控制和管理需要非常精细。

（4）单体层面准确定位建筑角色

建筑是塑造城镇空间的主角，因此，城市规划师有必要更多地关注建筑。建筑风格对城镇风貌的影响很大，而建筑的地域性则是城镇风貌特色的很重要影响因素。从技术上来讲，新建筑的风格取向取决于两大要点，第一是建筑的位置，第二是建筑的作用。

建筑的"位置"包括三个层面的含义，第一是宏观层面所处的地域，一般来讲，所处地域的文化特征越突出，则相对会要求偏传统一些，比如少数民族地区，北京、西安等历史积淀深厚的古都地区等；第二是中观层面所处的风貌区（特征区），城市设计一般会根据地域特点和场地特征将规划区划分为一些风貌区或特征区，以保证将来城镇的丰富多样及加强不同区域的识别性，不同的风貌区会有不同的要求，比如瑶族风貌区和苗族风貌区对建筑风格的要求是有差异的；第三是微观层面所处的特色空间，处在特色空间影响范围内的建筑或者塑造特色空间的建筑，比不在此范围的建筑会更要求偏"文化"一些，而在历史街区周边的建筑会要求更严格。

建筑的"作用"则包含两个层面的含义。第一是建筑的功能，相对来说公共建筑比工业建筑更可能

被要求"文化"一些，而在公共建筑中，文化建筑如文化馆、博物馆、图书馆会比商业建筑更要求"体现地域文化"，原因在于文化建筑不仅需要满足功能需要，还承载着表现和传承城镇文明的使命，它还应当是一件城镇的艺术品；第二是建筑的角色，就像舞台上的演员会有主角和配角一样，城镇中的建筑也可以因其作用被划分为标志建筑和背景建筑，其中标志建筑又可以按其不同等级的可识别性和影响力，划分为节点建筑、地标建筑和象征建筑。

背景建筑（Context）虽然是配角，但却是城镇中最大量存在的，它们满足城镇居民的基本需求，包括居住、办公、教育、医疗等。背景建筑之为背景，就是需要整体和谐统一，同时能够烘托主体建筑，避免喧宾夺主。

标志建筑是一定区域内具有识别、象征作用的重要城镇建、构筑物或建筑群，而标志性建筑所在地区往往也是市民生活的重要场所。标志性建筑应当建立一个体系，从而能够通过它们对整个城镇建立一种心理认知。标志性建筑根据其区位、影响范围和精神内涵的综合效应又可分为三级，即节点建筑（Node）、地标建筑（Landmark）和象征建筑（Icon）。

节点建筑往往位于服务一定范围内居民（如居住区）、产业（如工业区）或独立功能（如校园）的服务中心，并且临近小型的开放空间，也就是城镇的节点（节点特色空间）处，节点建筑一般是公共设施。尽管节点建筑具有一定片区的较高识别度，但仍

节点　节点　地标
节点
象征
11
12

11.上图为好的背景建筑；下图为不佳的背景建筑
12.节点、地标与象征建筑

应遵循所在风貌特征分区的设计要求，保持整体的统一性。

地标建筑是在一定区域具有醒目识别性的建筑，根据其区位、影响范围又可分为两级，即地区级地标建筑和城镇级地标建筑。地区级地标建筑往往是一定区域内（如特征区或风貌区）的标志，位于特征区中心特色空间处，不同特征分区应考虑自身功能和形象定位来决定相适应的地标建筑类型，不可求高或者求异；城镇级地标建筑是整个城镇的标志，往往位于城镇的中心区，与城镇核心特色空间相伴。

象征建筑可以代表一座城镇，是一个城镇的名片，其文化内涵非常突出，因此象征建筑会成为城镇历史文化的缩影，具有重要的历史价值，并有希望作为人类文化结晶载入史册，象征建筑往往位于城镇最核心的地区，是城镇王冠上的明珠。对于象征建筑，高度、体量并不是它的核心价值，它所表现的地域文化属性或者划时代的进步意义才是核心。比如北京天安门、悉尼歌剧院等。

从建筑风貌控制的角度，背景建筑应当比标志建筑控制更严格，而标志建筑中节点建筑、地标建筑和象征建筑的控制严格程度应当逐渐降低。原因在于，越是需要统一协调的建筑类型，就越需要通过制定严格的、共同遵守的准则来实现。而那些兼具功能

与艺术性，能够代表一个城镇特质的建筑物更多地取决于建筑师的素养而不是更为严格的控制。

3. 定规及定策：城镇风貌特色的实施保障机制

（1）通过设计导则提炼风貌特色的管控要求

城市设计导则管控的内容包括许多方面，从城镇风貌的角度它发挥了两大重要作用。第一是它保障基本的普适审美及价值准则，比如街道、广场的比例、尺度、界面，建筑的高度、体量、形式，广告牌的位置、大小，树种的选择、配置等；第二是它引导地方特色的实现，比如它对特征区、风貌区的划定和描述，并提出针对性的管控要求等。

（2）通过管理机制落实风貌特色的管控要求

风貌特色的管控要求需要科学合理的管理机制来有效地落实，缺少这样的机制再好的城镇设计也会打折扣，甚至走样。另一方面，城市设计作为非法定规划，其管控要求的落实面对更多挑战，因此管理机制尤为重要。这一系列管理机制包括多方协作的联系协调机制、规划统筹的技术归口机制、科学决策的技术审查机制及监督落实的规划巡查机制等。

参考文献

[1] 杨保军，朱子瑜，蒋朝晖，等. 城市特色空间刍议[J]. 城市规划，2013（3）：11－16.

[2] 蒋朝晖，魏钢，王颖楠，等. 贵州省贵安新区城市特色风貌专题研究报告[R]. 北京：中国城市规划设计研究院，2013：2－52.

作者简介

蒋朝晖，中国城市规划设计研究院，教授级高级城市规划师；

魏　钢，中国城市规划设计研究院，城市规划师；

王颖楠，中国城市规划设计研究院，城市规划师。

敏感体：城市风貌规划的主体对象
The Sensitive Body: Subject Object of Urban Style and Feature Planning

余柏椿
Yu Bochun

[摘　要]　从解决城市风貌规划复杂性问题出发，提出城市风貌敏感体概念，阐明城市风貌敏感审美原理，论述了城市风貌规划的主体对象及建构城市风貌敏感体体系的思路。

[关键词]　城市风貌；规划；敏感体；主体对象

[Abstract]　This paper presents the concept of sensitive body to solve complex problems of urban style and features planning. It discusses the sensitive aesthetic principles on urban style and features. It discusses Principal object of urban style and features planning and how to construct sensitive body systems of urban style and features.

[Keywords]　Urban Style and Features; Planning; Sensitive Body; Principal Object

[文章编号]　2015-66-A-011

作为专项规划，城市风貌规划在国内逐渐多起来，这说明了它的价值和意义。不同的目标、要求、做法和效果，这一现实表明城市风貌规划的理论探讨和方法交流甚为重要。

在本辑专题里本该谈谈风貌与特色的理想话题，苦于无力，特选择了城市风貌"敏感体"这一个小话题。

笔者认为，城市风貌规划的主体对象是城市风貌的敏感体，风貌敏感体是影响城市风貌判断的关键场所和核心要素。城市风貌规划需要从复杂的工作对象中确定主体工作对象——风貌敏感体，从而重点构筑城市风貌敏感体体系。

本文扼要论述城市风貌规划的复杂性、城市风貌敏感审美原理、城市风貌规划的主体对象及敏感体体系。

一、城市风貌规划的复杂性

1. 城市风貌规划

有关城市风貌的解释目前已有不少，但是尚未达到共识。如果按照风貌的概念（指事物的面貌、格调）来解释城市风貌，可以把"事物"转化为"城市"，那么，城市风貌就是城市的面貌和格调。如果从城市风貌规划角度来解释，本文认为：城市风貌是城市社会、经济和文化的物化空间形态的审美特征，涉及城市空间及其构成要素两大审美系统。城市风貌属于审美范畴，对城市风貌的判断或评价来自于城市空间和环境要素的品质和特色两个方面。

在城市快速发展的过程中，"量"一度成为主导，成为必须，是"硬"指标，而"质"却是"软"指标，在这种规划设计环境里，各种规划设计的任务和内容大都离不开"发展"这个目标，城市质量危机四伏。随着城市质量意识的觉醒，城市品质和城市特色成为城市发展和规划设计的新目标，已经大量开展的城市设计和逐步开展的城市风貌规划正在使规划设计的数量化环境逐步向质量化环境转变。城市风貌规划就是以城市质量为目标的规划设计，具体讲，城市风貌规划是以提升城市品质和创造城市特色为目的，以系统优化的城市设计方法，以城市空间、建筑与景观环境设计的美学法则，对影响城市风貌的构成要素（空间、建筑与景观环境）进行有远见的整体的规划设计。

2. 城市风貌规划的复杂性

城市是个庞大的审美对象，其空间环境是社会、经济和文化的物化形态，而城市风貌作为城市空间环境的审美特征，无疑是个庞大的审美系统。也就是说，判断和评价城市风貌要受到社会、经济和文化诸多因素的影响，从物化形态来说，可以归纳为城市空间及其构成要素两大审美系统。虽然系统只有两个，但是系统的构成却是相当复杂的。

城市空间是个抽象概念，具体到空间单元和场所就相当复杂：街区、住区、厂区、校区、办公区、商业区、文化区、行政区……城市的道路、广场、绿地、滨水带、公园……这仅仅是类型，再加上数量后，它的复杂性就可想而知了。

城市空间构成要素更是个复杂系统，大类可以分为建筑、构筑物、植物、水、山……不用再分解也该明白，每种大类都是由复杂要素构成的独立系统。

城市风貌是由以上复杂的空间和构成要素综合体现出来的审美特征，那么，以上空间和构成要素也就是城市风貌的影响要素。城市风貌影响要素的复杂性决定了城市风貌规划的复杂性。因为城市风貌规划的任务就是要处理影响城市风貌要素的关系，它会涉及风貌影响要素的方方面面。

城市风貌规划要处理公共空间的关系，比如，道路、广场、街头绿地、公园、滨水带、城市入口等；

城市风貌规划要处理建筑构成要素的关系，比如，建筑风格、建筑高度、建筑色彩等；

城市风貌规划要处理景观要素的关系，比如，标志景观、夜景、广告等；

城市风貌规划一般是以城市规划为依据的，如果城市规划需要调整，城市风貌规划还要处理城市空间功能、交通等方面的关系。

从以上关系处理中不难看出，城市风貌规划既要涉及城市规划内容，也要涉及建筑设计内容，同时涉及景观和环境艺术设计内容。城市风貌规划不仅是工作对象复杂，理论和方法也相当复杂。如果每项风貌规划都面面俱到，这项工作的复杂性和难度不难想象了。其实问题的根本还不在于复杂和难度，根本问题在于如此庞杂系统的规划成果缺乏实际意义，因为城市风貌审美判断所遵循的是敏感审美原理，这与人的审美需求与行为及审美记忆有关，也与城市规划和建设有关。不管是人还是城，都具有敏感性需求。

二、城市风貌敏感审美原理

敏感性审美需求与行为可以简单理解为是求特、求美、求新、易见、易达的审美需求与审美行为。敏感性审美需求与行为是人的审美本能和审美动机，这是一般常识。

纵观城市规划方案和城市建设实例，虽然那些重要的、标志性的、特色的空间、建筑和景观在规划布局、强化设计和重点建设时并没有明确它应用了敏感性原则，然而事实就是如此：为什么与历史环境极端冲突的中国大剧院要设置在天安门广场旁边？为什么城市入城道路会修得宽大美丽？为什么城市特别重视滨水地区的规划设计和建设？为什么标志建筑和标志景观要设置在视觉通廊上？为什么城市重要建筑大都位于城市主要干路上？这样的问题还有好多好多，然而答案都只有一个：敏感性需求。

敏感审美需求及满足需求的城市空间和环境将复杂的城市风貌影响要素分离出敏感要素，包括上面论及的重要广场、滨水带、主干路、城市入口、标志建筑和标志景观等，这些敏感空间、建筑和景观可谓本文讨论的城市风貌敏感体（以下简称"敏感体"）。正是这些敏感体的重要性、标志性和特色性等审美特征共同构成了城市风貌的主导审美特征，也体现了城市风貌审美特征的敏感性。从而也就奠定了敏感体在城市风貌判断和城市风貌规划中的主体地位。

人的审美记忆功能和容量也决定了城市风貌的敏感审美原理。人的记忆功能或记忆容量是有限度的，记忆有短时记忆和长时记忆，人对城市风貌判断是对城市风貌要素进行记忆的过程，同样有短时记忆和长时记忆两种，两者的区别与城市接触时间的长短有关，无论长短，记忆信息量都是有限的，记忆的功能特点决定了记忆模式。对城市风貌而言，能够形成有限记忆的一般模式是模糊整体加敏感体信息。不管是模糊整体还是敏感体信息，基本上是经过筛选或淡化后余存在记忆里的，其中敏感体信息是由敏感体刺激脑神经留下的可以描述的信息。

人人都有城市风貌敏感审美体验和经验。江南水乡风貌的记忆不会是每栋建筑、每棵树、每个小码头、不同形式的桥，而是由水乡诸要素信息构成的模糊整体及可描述的敏感信息——流水、小桥和民居；上海陆家嘴的记忆恐怕不是每一建筑，而是整体建筑群及东方明珠等造型独特的标志性建筑。其中建筑群整体信息是模糊的，而标志性建筑是可描述的。

以上分析基本上可以说明城市风貌审美的结论主要出自敏感审美判断的基本道理——城市风貌敏感审美原理。

三、城市风貌规划的主体对象

综合上述的城市风貌规划复杂性及风貌审美敏感原理，我们完全有理由推出"以敏感体带动整体"的城市风貌规划策略——以城市风貌敏感体作为城市风貌规划的主体工作对象，构筑完善的城市风貌敏感体体系，突出重点，消解杂乱，以求事半功倍。

相对来说，城市风貌构成要素包括一般构成体和敏感体两大类型。

城市风貌敏感体是城市风貌构成要素中视觉敏感度和视觉频率高的环境要素，以及公共性和个性强的空间要素。一般风貌构成体是指导针对风貌敏感体而言的，是城市风貌构成要素中视觉敏感度和视觉频率一般的环境要素，以及公共性和个性不明显的空间要素。

城市风貌敏感体包括空间要素和环境要素两种类型。空间要素类型是城市空间中重要的公共空间，包括城市主干路、主要广场、滨水带、主干路节点和城市入口。环境要素类型包括敏感空间里和界面的重要建筑和标志建筑、重要构筑物和标志景观（山水、绿地、环境小品）。

作为工作主体对象的风貌敏感体必须是同类风貌构成体中那些具有敏感性审美特征的。

空间类敏感体的审美特征主要体现在公共性强和个性强两方面。所谓公共性强是指空间的使用频率高，以及社会活动频繁。所谓个性强是指在尺度、形态和位置等方面的空间审美特征比较特别。以广场为例，在尺度方面，精美小广场和超大广场都属个性突出；在形态方面，异形广场个性明显；在位置方面，在水边和山边的广场与一般地段广场具有不同的审美感受，在新城和老区里的广场给人不同的时代感。

环境类敏感体的审美特征体现在视觉敏感度高和视觉频率高两方面。所谓视觉敏感度高是指在同一空间里审美对象具有容易被察觉的审美特征。那些出自视觉对比审美效应的审美对象大凡都具有这种敏感审美特征。比如，高的、异形的、暖色的、古老的等。所谓视觉频率高是指同类审美对象在不同空间里能够被频繁视觉到的审美特征，这是重复视觉刺激和重复记忆的审美效应。比如，江南水乡忽隐忽现的小桥流水就是典型的高视觉频率的敏感体。

城市风貌规划的核心任务就是要围绕风貌敏感体这个主体工作对象展开工作。以上分析的有关城市风貌敏感体的类型和审美特征是指导城市风貌规划的基本原理，是构建城市风貌敏感体体系的理论基础。

四、城市风貌敏感体体系

构建城市风貌敏感体体系就是将符合城市风貌敏感体审美特征的城市空间和环境要素分类进行系统规划设计。一般包括敏感空间、敏感建筑和敏感景观三大系统。

敏感空间系统是城市风貌敏感系统的基础系统，这如同城市规划首先要确定城市用地空间功能一样，因为城市风貌要素和敏感体的规划设计方案都要落实到具体的城市空间里。城市风貌规划首先要建立城市公共空间系统，在此基础上确定敏感公共空间，或者说需要明确需要进行重点规划设计指导和控制的公共空间。对敏感公共空间的规划内容包括两个方面，一方面是空间本身的内容，明确空间的功能、尺度和形态，另外是空间界面（建筑）的内容，明确界面的建筑风格、色彩和轮廓。

敏感建筑系统是城市风貌敏感系统的"硬"系统。相对来说，在城市风貌敏感体中建筑敏感体的敏感度是最大的，这不仅因为它的数量大，还因为它对城市风貌产生的积极和消极影响都是最大的，尤其是消极影响，这如同生态敏感的生态脆弱性一样，建筑的敏感性也体现在其容易对城市风貌产生破坏的一面。因而建立敏感建筑系统是构筑城市风貌敏感体系的十分关键的环节，其一般工作内容是对标志性建筑及敏感空间的建筑的风格、高度、色彩进行定性、定量和定位，需要时可以进行意向性设计表达。

敏感景观系统是城市风貌敏感系统的"软"系统。敏感景观包括敏感度高的自然景观和人工景观。一般包括山水景观、绿地景观、标志景观和夜景观。一般情况下，城市敏感景观系统以敏感自然景观为主，因此称其为"软"系统。敏感景观系统的工作内容主要包括：保护和完善山水景观，保护和增加城市绿地，明确重点夜景的类型和空间范围，对标志景观的等级、类型进行定性和定位。另外对敏感景观的造型进行意向性设计表达。

城市风貌敏感体三大系统并不是相互独立的，而是相互关联、相互依存的有机整体，三大系统共同构成完整的城市风貌敏感审美表达体系，建立这个体系是一条优化城市风貌规划、提升城市风貌品质和突出城市风貌特色的捷径。

五、小结

本文非常粗线条地论述了城市风貌规划的复杂性、城市风貌敏感审美原理、城市风貌规划的主体对象及城市风貌敏感体体系。是基于笔者的城市风貌思考和规划设计实践的体会，目的是为了交流城市风貌规划的有益经验。就像城市风貌规划的复杂性一样，本文涉及面广，内容复杂，与其说是论文，不如说是杂谈，但愿杂谈也有益。

作者简介

余柏椿，华中科技大学建筑与城市规划学院，教授、博导，城市与景观设计研究中心主任，原建筑与城市规划学院副院长、城市规划系主任，中国城市规划学会理事、城市设计委员会委员，雅克设计集团总城市设计师、雅克景观与城市设计研究中心主任。

1.威尼斯圣马可广场
2.埃菲尔铁塔
3.上海规划展览馆
4.巴黎德方斯现代雕塑
5.黄鹤楼
6.江南水乡
7.柏林song中心小广场
8.青岛五四广场

专题案例
Subject Case
城市总体层面
Over All Urban Level

厦门市城市景观风貌保护与塑造
The Urban Landscape Protection and Creation of Xiamen

林振福
Lin Zhenfu

[摘　要]　文章从厦门市的风貌特色、历史背景及保护和塑造的方法等角度入手，深入剖析厦门市城市景观风貌建设的内在脉络，归纳总结出城市景观风貌建设的重点、规划管控模式等经验，以供借鉴。

[关键词]　景观风貌；自然保护；文化延续；特色塑造

[Abstract]　From the perspective of Xiamen city style characteristics, historical background, protection and shaping method, the article analyze the context of Xiamen city landscape construction, sum up the experience for reference, such as the key content of urban landscape construction, the mode of planning control and so on.

[Keywords]　Landscape; Natural Conservation; Cultural Inheritance; Shape Characteristics

[文章编号]　2015-66-P-014

一、背景

福建省是"十八大"以来国务院确定的全国第一个生态文明先行示范区，十分重视宜居环境建设，城市景观风貌是宜居环境建设的重要内容。厦门作为福建省南部的中心城市，素有"海上花园"的美誉，2002年获国际花园城市第一名，以其"经济特区"的独特条件，在城市景观风貌的建设方面一向走在全省的前列，可以垂范。

"绿树、红花、阳光、大海、沙滩、洋楼……"往往是厦门对游客的直接映象，厦门的美往往被冠以"温馨浪漫、优雅精致、温润休闲"等词语，"海上花园"、"温馨鹭岛"往往是网络上能搜索到的对厦门的定义，而这其实只是对过去厦门的概括。现在的厦门市，为进一步落实党的十八大提出的建设"美丽中国"的中国梦，提出了建设"美丽厦门"的战略规划，确定了两个百年愿景：建党100周年建成美丽中国典范城市、建国100周年建成展现中国梦的样板城市。厦门市正逐步形成"山海格局美、发展品质美、多元人文美、地域特色美、社会和谐美"五大美丽特质。

二、厦门市景观风貌特色

1. 城市发展沿革

早在新石器时代，今厦门地区已有人迹。洪武二十年（1360年），江夏侯周德兴奉命筑厦门明城，厦门之称始于此，厦门真正的建城历史也始于此，至今已六百余年。厦门发展经历了从渔村到海防城市，从对外通商口岸到现代海湾都市等阶段，具体可以概括为以下四个阶段：

（1）起源阶段（1360年——明末清初）

厦门地处蛮夷之地，建城前三百余年，乏善可陈，城市发展缓慢。直至明末清初，郑成功在厦门设立五商、十行，以厦门港为中心积极开展海外及沿海地区的贸易，康熙二十三年（1684年），闽海关在厦设立，厦门的历史地位才得以彰显，厦门城也因此得以兴旺。"地僻村家少，天阴野色秋"也许是这阶段城市景观风貌的真实写照，建设基本为低矮的平房和延续闽南地方红砖民居形式的庙宇宗祠。

（2）萌芽阶段（明末清初——解放前）

1842年8月27日，厦门被英军占领，与广州、上海、宁波、福州一起成为五口通商口岸。洋人开始大规模涌入这座小城，厦门的近代建设也拉开帷幕。20世纪二三十年代是厦门城市建设的黄金时期，军政官僚、地方绅商及华侨共同建设市政，奠定了以中山路、思明南北路为代表的厦门老城核心区空间格局，确立了中山路旧城片区围合式街坊和骑楼的基本形制。1927—1931年，在荷兰工程师的设计和指挥下，新外滩（现鹭江道营平至同文顶段）修建完成，一系列崭新的商业楼宇出现，书写着"近城烟雨千家市，绕岸风樯百货居"的盛世。另外，从1921开始，华侨领袖陈嘉庚创办厦门大学，先后建造了73栋"穿西装戴斗笠"的建筑，也在其故乡集美建设了南薰楼和道南楼，三曲燕尾脊，彩色出砖入石，这些就是厦门市独有的"嘉庚风格"建筑的代表。这阶段的城市景观风貌深深地打上了西方的烙印，也成为中西合璧建筑风貌的高产期。

（3）拓展阶段（1949—2003年）

1949年10月18日，厦门解放。作为"厦门外滩"的鹭江道上仍有大片空地，1958年在陈嘉庚的领导下，经周恩来总理批示同意，历时三年建成了当时厦门的第一低标高楼——7层的鹭江宾馆。解放后至1980年10月国务院批准厦门设立经济特区前后，

1.厦门城市空间结构规划图
2.旧城发展历程
3.历史上的鹭江道
4.1936年厦门旧城地图
5.城市空间意向图
6.预制板房小区（中部河流上方为湖滨一至四里）
7.厦门城市山水格局规划图
8.厦门城市景观风貌特色

9.厦门滨海景观
10.鼓浪屿历史风貌建筑保护总平面示意
11.重点要素控制（黄厝色彩、屋顶导则）
12.鼓浪屿广告、庭院导则

多层预制板房成为厦门城市建设中的主角，湖滨一至四里、槟榔等旧小区多在这阶段建成。1988年10月，批准厦门市实行计划单列，从此，厦门的城市建设迎来了快速拓展的阶段，城市的面貌日新月异，以现旧城核心区呈水波纹向外扩展。这阶段的发展受海湾和市政设施门槛的制约，主要集中于厦门岛，而旺盛的发展需求也造成了城市山水环境的破坏，岸线被填、山脚被挖时有发生。

（4）转型阶段（2003年至今）

进入21世纪，随着城市化进程的加快和经济的飞速发展，厦门岛的建设容量趋于饱和，建设强度大、人口密集、环境恶化现象明显。厦门的发展必须由"海岛"转向"海湾"，城市空间拓展进入转型期。转型阶段受开发理念的优化和环境保护意识的加强，城市景观风貌的建设也转向重视人本、生态和地域文化。随着岛外新城建设的推进，厦门市新的空间格局正在逐步形成。

2. 风貌特色总结

（1）独特的空间格局

厦门是由大陆、岛屿、海域共同组成的海湾城市，山水相间、陆岛相望，具有中山、低山、高丘、低丘、台地、平原、滩涂等多样化的地形地貌，这些地形地貌又多与海湾、湖泊、河口水体相互依存。独特的地理环境，构成了独特的"城在海上、海在城中"、"山海相连、城景相依"的海上花园城市空间格局。

（2）浪漫的滨海景观

厦门拥有宜人的亚热带海洋性季风气候、四季变化的丰富景致、曲折蜿蜒且尺度多样的魅力湾区，还有324km浪漫海岸线和31个海岛，阳光、沙滩、大海、青山、岛屿构成了厦门温馨、浪漫、休闲的个性。

（3）多元的文化内涵

厦门以闽南文化、华侨文化、海洋文化、生态文化等多元文化的交融，呈现出中西文化交融、民俗与高雅共生、传统与现代并存、国际性与地方性共荣的独特文化内涵。而这种文化内涵也呈现在中山路、鼓浪屿、集美学村等特色建筑景观上，呈现在厦门包容、优雅、休闲的城市性格上。

三、城市景观风貌特色保护与塑造方法

正如一位市领导所言：厦门是一个美女，不要和别人比力量、比块头、比健美，而应该是比气质、比身材、比精致。厦门城市景观风貌的塑造正是贯彻"精致化"的特色路线，坚持以自身的文化和自然特质为基础，不断优化、融汇、提升。

1. 保护——存量景观资源控制

城市景观风貌特色最核心内容是地域特征的呈现，而地域特征一般包括自然环境特征和文化遗存载体（物质与非物质）等存量景观资源。对存量景观资源的保护和控制是城市景观风貌特色塑造中最重要的抓手。

（1）自然山水资源保护

城市景观风貌塑造与社会经济的关系极为密切，经济发展状况较好的城市一般也是城市景观风貌较好的区域。受发展阶段的影响，城市的景观风貌塑造力度可能各有区别，但是自然山水资源的保护应该是平等的，是最基本的要求，也是最容易实现"望得见山，看得见水，记得住乡愁"的手段。受发展需求和空间制约的矛盾，厦门在城市拓展的过程中也出现过开山填海的情况，意识到环境受到的破坏，早在2000年左右，厦门市就出台山体保护规划，将50m等高线以上的山体划定为禁止建设区，并相继出台蓝线、绿线、溪流整治、山水格局保护、生态红线划定、城市发展边界划定等专项规划，保护住山水空间，并保证山水之间的沟通廊道控制。

（2）历史风貌资源保护

历史风貌资源是城市文化的载体，是不可再生的资源。如果说把山水自然资源比作城市的身材，那么历史风貌资源就是城市的气质，是城市景观风貌最明显的特色烙印。对历史风貌资源的保护是城市景观风貌塑造最核心的要求，没有历史风貌的城市缺乏吸引力。厦门先后编制过申遗文本、紫线控制专项规划、历史风貌建筑保护规划、历史文化街区保护规划等各层面的历史风貌保护规划，同时利用特区立法权优势，出台了历史风貌建筑保护条例、遗产地保护条例等相应的地方法规，促进保护措施的落地。

2. 塑造——新增景观资源引导

随着城市发展，城市的规模与体量不断增长，许多新城拔地而起，成为城市景观风貌塑造的新载体，必须严格控制其发展，力争为城市景观添砖加瓦。厦门在新增景观资源方面采用分主次、分区域、分对象引导的模式，控制其景观风貌的发展走向。

（1）重点区域控制引导

以对城市景观意向塑造的重要程度，对城市意象五要素（路径、边界、区域、节点和标志）进行划分，确定重点控制区域，主要是指历史风貌保护区和三边（山边、水边、路边）三节点（城市中心节点、市民活动节点、交通枢纽节点），并制定控制要求。针对重点区域的建设，从规划直到实施，其审批的要求始终比普通地区严格，普通地区的控制一般通过技术管理规定等法规和技术规范就能实现。

（2）重要元素控制引导

城市景观风貌的呈现基本都是依托建筑等载体实现，因此，对建筑等载体的景观风貌要素控制显得尤为重要。厦门在景观风貌塑造过程中十分重视重要元素的控制引导，先后对城市色彩、建筑高度、建筑风貌（屋顶形式、建筑体量、建筑风格）、广告招牌等进行专项规划，制定实施导则，指导具体项目建设与改造。

3. 串联——整体资源系统激活

资源的效率必须在形成系统后才能得以发挥，形成"1+1＞2"的效果，单独的景观资源在发挥作用时往往有势单力薄的感觉，因此，对资源系统的整合极为重要。对城市景观风貌的体验包括景观和观景两个体系，只有对这两个体系进行串联，才能激活其能量，成为体验城市景观风貌的载体与路径。

（1）景观体系串联

厦门的山水是城市景观风貌塑造的主要载体，为避免山水的联系被城市建设切断，造成城市连片发展，保护山体"出洋龙"——即山海沟通廊道就显得极为重要。通过山海沟通廊

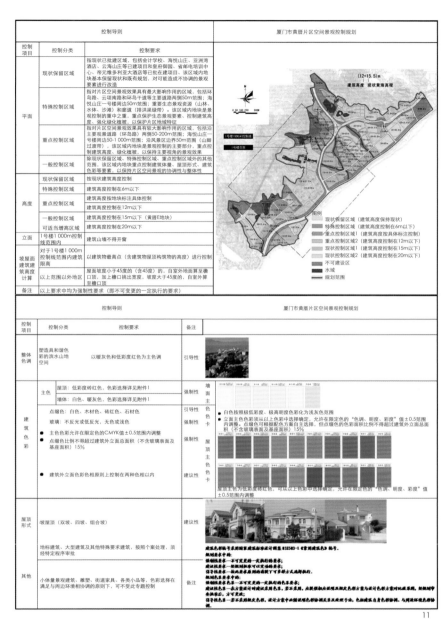

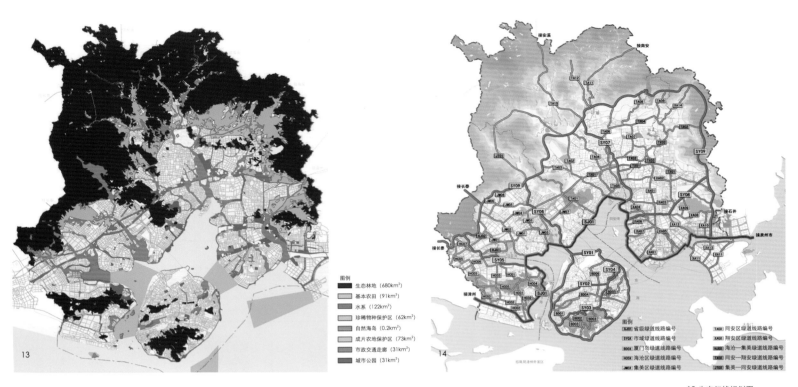

图例
生态林地 (680km²)
基本农田 (91km²)
水系 (122km²)
珍稀物种保护区 (62km²)
自然海岛 (0.2km²)
成片农地保护区 (73km²)
市政交通走廊 (31km²)
城市公园 (31km²)

13

14

图例
省级绿道线路编号
市域绿道线路编号
厦门岛绿道线路编号
海沧区绿道线路编号
集美区绿道线路编号
同安区绿道线路编号
翔安区绿道线路编号
海沧一集美绿道线路编号
同安一翔安绿道线路编号
集美一同安绿道线路编号

13.生态红线规划图
14.绿道系统布局规划
15."出洋龙"保护示意图
16.新嘉庚与新闻南风格尝试
17.重点片区规划指引

道，山海串联一体，奠定了城市的山水格局。历史风貌区、城市重点区域完全融入于山水格局背景之中，构筑成完整的城市景观体系。吴良镛先生曾就"山水城市"的角度，对厦门城市规划提出"碧翠镶金"的设想。

（2）观景体系串联

观景点与观景路径选择是城市景观风貌塑造的另一项重要工作。通过视觉感知分析等方法进行相关分析，构筑城市眺望体系，确定水望山、山望水、山望城、城望山等观景主要轴线及视觉控制区域，并提出相应控制要求。另外，根据景观风貌资源布局与主题，组织游憩线路，如步行系统、绿道系统，串联城市主要公共空间、绿色生态休闲空间及城区附近的郊野公园、旅游景点，供市民休憩、游客观光，向市民及游客展示城市富有特色的整体形象。

四、经验总结

厦门市城市景观风貌主要得益于城市自身的自然禀赋和文化积淀，但是城市建设过程中对景观风貌保护与塑造的重视态度、规划控制引导的覆盖程度和规划实施的管控制度也起到了很好的作用。厦门市对

城市景观风貌保护与塑造的经验主要可以概括为以下四点。

1. 尊重自然

自然资源是城市景观风貌的基质和背景，城市应划定增长的边界，以生态红线的模式将自然资源的保护固化下来，并制订相应的管理办法，控制其利用的模式，尽可能采用低冲击的模式，成为生态保护和农业休闲的空间。人与自然的和谐是生态文明的核心，保留及延续山、石、海、泉、亚热带植被等自然特色，山林保持原有风貌，切忌过于雕凿，海岸线具有极高的旅游经济价值，不允许在海滨地区随意建设。

2. 延续文化

文化是一个城市的灵魂，它隐含在城市的方方面面，造就了扑面而来、鲜明可感的印象、感受、记忆，赋予城市特有的风骨和气质，折射出城市人的价值共识、生活态度、审美水准。如果说自然资源是城市的项链，历史资源可以视为项链上的珍珠。历史资源的作用是为城市的景观风貌增光添彩。对历史资源最好的尊重，是在保护好资源不可再生特质的前提下，让其重新焕发魅力，赋予其新的功能。重视保护历史特

色，且历史文物和遗迹的保护不能孤立地着眼于文物遗迹本身，还要争取保护好其周围的环境。对文化遗产应采取继承、协调、创新等有力的传承措施。

3. 分类引导

城市景观风貌涉及的要素多种多样，而城市片区因为区位和功能的不同，其景观地位也不尽相同。在城市景观风貌建设过程中，必须分清主次，制定有针对性的控制导引，对特别景观控制区（历史文化遗存风貌区、自然生态保护风貌区、城市重点片区、城市重要节点区及其他景观风貌区）和特别景观要素（建筑风貌、广告店招、夜景等）进行分类控制引导。

4. 规划管控

（1）设计团队管控——科学的规划

设计团队是景观风貌设计的关键。厦门市已经形成了比较合理和稳定的设计委托机制，一般会根据项目的重要程度，选择国外知名设计机构、国内知名设计单位、设计大师、本地十佳建筑或景观设计师等候选名单，并通过投票确定入围的单位，进行方案征集或比选，确保设计质量。

（2）规划实效管控——可用的规划

对规划成果的编制注重实效，编制可落地的规划，是厦门市规划管理部门的另一个理念。规划不寻求高大全，而应针对性和可操作性强，使用对象（管理者、下层次设计者）看得懂，避免规划实施变形。

（3）成果法定化机制——实施的规划

景观风貌方面的规划多数属于城市设计范畴，以非法定规划为主。厦门市的做法是模糊规划成果的法定性，而注重其科学性。好的规划理念和设计方案即使不属于法定规划，也可以通过适当的程序进行转化，如通过纳入控制性详细规划成果、纳入技术管理规定或纳入地块招拍挂条件等方式，落实到可实施的规划成果里。

（4）定期检讨机制——有效的规划

规划实施效果很多时候是要通过时间的检验才能分出优劣。厦门市的做法是通过多种途径（网站、热线、检查），对规划实施效果进行定期或不定期的检讨，成功的经验推广，失败的教训修正并引以为戒，通过不断的修正过程，使城市景观风貌日趋美丽。

五、结语

城市景观风貌建设是一个长期的过程，需要一个统一而持续的规划设计理念支撑。厦门市城市景观风貌建设始终坚持以自然条件为基础，以历史文化为灵魂，以人的使用为导向，通过环境、建筑、设施和行为的控制引导，通过良好的实施和效果反馈修正机制，构建出"美丽厦门"的特色面貌。

参考文献

[1] 吴良镛. 厦门规划调查汇报稿整理[Z]. 1984年.

[2] 陈劭光. 滨海城市"文化生态"的塑造：厦门城市景观文化性及地域性思考. 福建建筑[J]. 2004（1）：10–12.

[3] 杨哲. 近代厦门城市空间形态的演变. 城市规划学刊, 2006（4）：99–105.

[4] "美丽厦门"山水格局概念研究[Z]. 华汇（厦门）环境规划设计顾问有限公司, 2014.

作者简介

林振福，厦门市城市规划设计研究院，城市设计所所长，高级工程师。

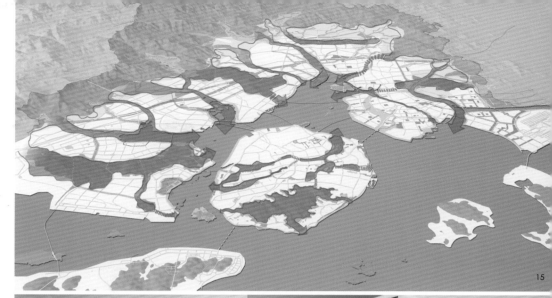

15

16

17

青岛历史文化名城特色与保护

Characteristics and Protection of Qingdao, the Historical and Cultural City

潘丽珍 孙丽萍 金 超
Pan Lizhen Sun Liping Jin Chao

[摘 要] 青岛是近代历史遗存丰富的国家历史文化名城，本文以青岛历史文化名城保护规划的编制工作为线索，着重研究了青岛规划和城市建设历史，分析青岛名城特色的历史成因；介绍了保护规划的工作思路、工作组织模式和保护规划的主要内容；简要介绍了青岛近些年保护规划的具体实践活动。

[关键词] 历史文化名城；青岛；特色历史；保护规划

[Abstract] National historical and cultural city Qingdao is famous for her richful modern heritage. This paper took Protection Planning for Qingdao as a clue, focused on the history of planning and urban development, analyzed the causes of urban characteristics of Qingdao. Work ideas, work organization model and main content of the planning were briefly introduced as well. In addition, the Protection Planning practices of Qingdao in recent years were also mentioned in the text.

[Keywords] Historical and Cultural City; Qingdao; Historical Characteristics; Protective Planning

[文章编号] 2015-66-P-020

一、规划背景

1994年1月，青岛以著名的崂山风景名胜区、优美的城市海滨风光、丰富的德式建筑群及其在中国近现代史上的重要地位，经国务院批准成为第三批国家历史文化名城。此后，通过立法、规划编制、历史文化遗产保护与利用等一系列举措，建立了比较完备的名城保护体系，特别是1995年编制的青岛市城市总体规划中设立名城保护专项内容，并于2002年单独编制《青岛历史文化名城保护规划》，确立了"新区与历史城区空间上脱开布局、保护老城、发展新区"的总体保护发展思路，划定了城市紫线保护范围，使青岛的历史城区、历史文化街区得以较为完整的保留。

近年来，随着历史城区物质空间的老化，保护与发展之间的矛盾日益突显，"旧改"项目日渐蚕食老城的空间形态和肌理。针对这一问题，2009年，青岛市人大提出《关于加强青岛历史文化名城保护和利用的议案》，将名城保护工作提高到人大议案办理的高度，制定具体实施方案，在青岛社会各界的广泛关注下，开始《青岛历史文化名城保护规划（2010—2020）》的编制工作。

二、工作模式与工作思路

保护规划编制过程中建立了由市政府领导，规划局、文物局牵头，32个相关单位协作的工作组织模式，由青岛市城市规划设计研究院联合国家历史文化名城研究中心、同济大学规划设计研究院共同承担编制任务。

整个工作历时4年多，首次开展了青岛市全市域范围内的保护要素普查，通过现场调研、部门提供、线索征集、史料查阅、专家咨询、专家认定等一系列程序确定最终纳入保护规划的保护要素总计3 000余处，对青岛市历史文化遗产的类型构成、保存状况、空间分布、历史沿革、现状问题等进行综合分析，明确保护规划的核心区域与重点难点问题。

针对保护规划的核心区域历史城区和保护规划工作面临的重点难点问题，进行5项相关专题研究，具体包括"老城区总体保护思路及发展研究"、"历史城区空间要素保护与高度、密度控制研究"、"历史文化街区和历史建筑保护与综合利用研究"、"青岛市工业遗产保护与利用研究"、"青岛风貌保护区内广告设置规划研究"，专题研究成果相关内容纳入到保护规划中。

本次保护规划在大量历史资料整理研究的基础上，深入挖掘了历史文化名城的特色与价值；通过全市域范围内的保护要素普查，丰富了保护内容的类型构成与数量规模；在专题研究基础上，增加了历史文化街区的数量，调整部分街区的范，完善与调整历史城区保护与更新发展策略，细化保护规划实施的保障机制与管理措施。

三、基于史料整理的名城特色与价值研究

青岛自城建伊始一直处于规划指导之下，其后虽然政权几经更迭，但城市规划与建设基本延续了德占时期的规划思路和空间结构。本规划在史料整理分析阶段，侧重于青岛自建置以来的历次规划、建筑法规和土地政策等的研究，力求从原始历史图纸和文献的整理工作中，归纳总结青岛城市空间格局的演变历程，归纳提炼青岛历史文化名城的特色。

1. 百年规划史

青岛的城市建设活动始于1897年德占之后，城市规划建设主要分为三个时期，分别是：1897—1914年的框架形成阶段；1914—1949年的扩张延伸阶段；1949年至今的跨越发展阶段。

（1）框架形成阶段（1897—1914年）

1897—1914年德国殖民统治期间，这一时期的城市规划与建设活动，奠定了青岛的城市格局框架，青岛的城市规划与建设主要有以下三个特点。

首先，严谨的规划研究是青岛建设的实践基础。德国殖民者为了在青岛建设远东的军事根据地和商业中心，同时树立海外"样板殖民地"形象，在开工建设之前做了充分的地形勘测和规划研究，对于港口、铁路线等重要设施的选址反复论证，做出的多版城市规划。不仅经过殖民当局的研究，还曾发往德国本土征询意见，力求使规划方案不仅满足殖民当

局的需求，也更加符合青岛自然禀赋特征，对城市建设更有指导作用。1898年版《拟在青岛湾新建城市的建设规划》是青岛的第一份城市规划方案，对火车站、教堂等重要建筑的选址存有较大争议，规划没有实施。在此基础上调整的1900年版《青岛城市规划》，最终得到了各界认可并实施，该规划顺应并利用自然和地形条件，沿南部滨海一带布置生活功能，沿胶州湾东岸建设港口、铁路、工厂，生活、生产功能分区明确，行政、商贸、居住等功能布局完善。

其次，现代城市规划思想是青岛规划的理论背景。青岛建设初期是现代城市规划思想形成和发展的重要时期，青岛城市的宏观功能布局、空间形态、路网骨架，微观的景观节点、街巷对景等，均不同程度受到了田园城市、带型城市、工业城市等规划理论及《雅典宪章》中功能分区的规划思想的影响。

另外，先进的土地政策和建筑法规是规划实施的有力保障。青岛在1898年推出的首个土地法规《置买田地章程》中，通过严格的税收来管理土地控制城市建设，保证了城市建设活动的有序展开，防止了对土地投机炒作和荒弃，特别是土地增值税法为首创，地价税法为东亚首次实施，对当时中国和德国本土的土地管理和改革都产生影响。此外，为了保证城市建设的整体秩序和风貌，颁布了多种建设法规，涉及建筑、绿化、环境卫生、道路等方面，如在《临时性建设监督法规》中，对青岛区、台东台西

区、大鲍岛区的建筑高度、密度、间距、立面风格等均有不同要求。这些法规文件有效管理和指导了当时的城市建设活动，是青岛城市风貌特色得以形成的重要保障之一。

至1913年，青岛已初步建成"军事要塞"和"自由港"，各项城市设施逐步齐备，初具今日的城市格局和城市风貌。

（2）扩展延伸阶段（1914—1949年）

1914—1949年期间，青岛经历了日本侵略和国民政府的统治，这一时期的城市建设仍延续德占时期的基本结构，以铁路线和海岸线为空间延伸骨架，向北沿铁路线和胶州湾东岸发展城市的工业区，向东沿海岸线发展城市的居住、旅游、度假区。

这一时期最具影响的规划是南京国民政府接管青岛期间编制的《青岛市施行都市计划案》，该规划的诸多理念在今日看来仍具有指导意义。由于城市建设向北向东拓展，造成了原有城市中心的偏心，为摆脱"偏心"对空间发展的制约，规划将新的城市中心向东北偏移至今日台东区域，以期带动北部、东部发展。规划重视公共绿地和公共服务设施的规划建设，规定滨海区域必须留足开敞空间给市民游憩使用，并建设了水族馆（今水产博物馆）、体育馆（今天泰体育场）和多个城市公园。

（3）跨越式发展阶段（1949至今）

建国后到改革开放以前，青岛制定的四次城市规划，逐步拓展了国防、工业、港口和疗养等城市

功能。改革开放以后，青岛在三版总体规划的指导下，实现了城市空间向西、向北的两次飞跃。1989年城市总体规划修编中，增加东、西两个组团，以改变青岛尽端式发展、北工南宿的格局，为未来环湾城市的空间格局奠定了基础。1995版《青岛市城市总体规划》提出以青岛为主城，黄岛为辅城，环胶州湾发展的"两点一环"空间结构。最新一轮《青岛市城市总体规划（2011—2020）》提出"全域统筹、三城联动、轴带展开、生态间隔、组团发展"的空间发展战略。

2. 名城的特色和价值

青岛历史文化名城的特色："深湾良港、浅滩游憩、带状延伸、组团发展"的城市功能格局，"依山就势、错落有致、平缓舒展、灵活多样"的城市风貌，"红瓦黄墙、青山绿树、碧海蓝天"的城市色彩，"万国建筑博览、古今中外荟萃"的建筑风格，"规划指导、管理完备、科学严谨"的城市建造技术，"海陆交融、继往开来"的文化特色。

青岛历史文化名城的价值：青岛是近代世界格局演变和重要政治事件的主要体现地和发生地，见证了一系列对20世纪前期世界格局影响重大的事件。青岛是近代工商业发达的城市，胶济铁路、港口的建成使青岛成为重要的交通枢纽城市，从商贸港变成工商兼重的工业基地。青岛是19世纪末到20世纪初，国际上现代城市规划思想的重要实践地。

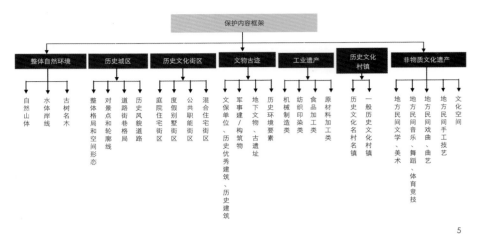

5

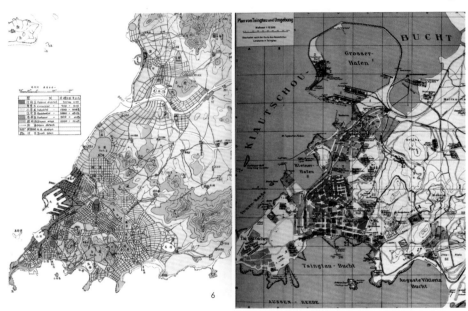

6

8

四、保护规划主要内容

1. 保护框架

为全面、真实、整体保护青岛的历史文化遗产，充分展示历史价值，加强历史文化名城的系统性保护，规划建立由整体自然环境、历史城区、历史文化街区、文物古迹、工业遗产、历史文化村镇、非物质文化遗产七项内容构成的保护框架。

2. 历史城区保护

青岛历史城区总面积约28km²，是现代城市规划思想和理论的早期实践地，目前整体格局保存完整，城市风貌特色突出，呈现"山海相依，岛城一体"的空间格局和风貌特色。历史城区的保护重点包括整体格局与风貌保护、历史城区高度控制与历史城区的复兴策略三方面的内容。

整体保护：从整体格局、路网骨架、历史风貌道路、特色院落、天际轮廓线、眺望视域、景观视廊与道路对景、色彩和历史环境要素等方面保护青岛历史城区的整体空间格局，延续历史风貌特色。

高度控制：历史城区目前所采取的就地平衡的旧改模式，致使老城将面临"越疏越堵、越改越密"的窘境。保护规划综合考虑历史城区环境改善、功能提升的发展需求，运用"文化传承、整体设计"的理念，在保护历史城区整体轮廓、天际线和空间格局的前提下，对未来的旧改模式和建筑高度提出控制要求，宏观层次上，提出"簇群"建设高层区域和降低高层建设区域；在中观和微观层次上，山体周边、滨海岸线、保护建筑周边、历史文化街区周边、景观道路及视线廊道周边等区域，制定具体的高度规定，最终形成严格控制区（即紫线保护区）、重点控制区、一般控制区三类分区。

复兴策略：在整体保护的基础上，将历史城区细分为31个规划单元，从历史发展脉络，城市发展需求等方面综合考虑，调整用地结构，提升商贸服务功能、强化文化旅游和休闲功能、发展创意产业，整合历史文化资源，规划南部滨海旅游度假带，胶州湾东岸商务休闲带，培育历史城区商业服务轴。通过功能结构的调整，基础设施的完善，物质环境的整治，实现历史城区的全面复兴，建设成为青岛的"文化之城、活力之城、宜居之城"。

3. 历史街区保护

青岛的13片历史文化街区连绵分布于南部滨海，其中12片街区位于历史城区，保持了原有街巷格局和空间肌理；并前瞻性的将历史城区外2008年奥林匹克帆船比赛地及赛事场馆划定为历史文化街区。

5.保护框架图
6.1935年《青岛市实施都市
计划案》
7.1913年《青岛市区图》
8.1914年《青岛地价税图》
9.历史城区高度控制图
10.历史城区功能结构调整图

胶州湾

海泊河

大港

中港

小港

贮水山

观象山

观海山

信号山

青岛山

太平山

八关山

鱼山

浮山湾

青岛湾

汇泉湾

团岛湾

太平湾

图例
禁止建设区
历史文化街区（严格控制区）
多层控制区（重点控制区）
高层控制区（一般控制区）
点式高层可能存在区域
历史城区界线

9

胶州湾

海泊河

大港

环湾文化休闲带

城市商业服务轴

台东核心

中港

小港

伏龙山谷特色居住区

中山路核心

观海山

太平山生态保留区

青岛湾

汇泉湾

滨海旅游度假带

浮山湾

团岛湾

太平湾

图例
城市商业服务轴
滨海旅游度假带
环湾文化休闲带
公共功能核心
特色功能核心
历史城区界线

10

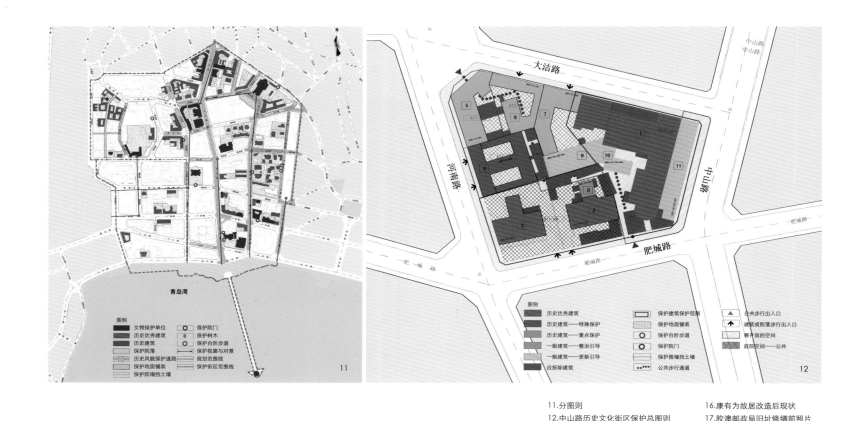

11.分图则
12.中山路历史文化街区保护总图则
13.欧人监狱历史照片
14.欧人监狱修缮前后现状
15.康有为故居改造前
16.康有为故居改造后现状
17.胶澳邮政局旧址修缮前照片
18.胶澳邮政局旧址现状照片
19.劈柴院改造前照片
20.劈柴院改造后效果图

历史文化街区重点保护风貌道路、历史街巷、特色院落空间、历史建筑、围墙大门铺地等环境要素。通过建筑高度的严格控制和视线视廊、景观对景点，以及街区道路风貌的保护，形成历史文化街区城市设计层面的整体控制和保护。

根据街区的历史功能、自然地形、历史要素分布、历史背景、文化特征等方面，制定不同的功能发展方向，将13个历史街区归纳划分为公共职能为主街区、公共职能与居住综合混合街区、居住功能为主街区3种类型，采取以街坊、院落为单元的"小规模、渐进式"更新策略，逐步推进街区的更新与发展，改善基础设施条件，提升街区活力。

4. 保护点保护

保护点主要包括文物保护单位、历史优秀建筑和历史建筑，总计约2 000余处，其中文物保护单位与历史优秀建筑（山东省人民政府与青岛市人民政府分别于2000年与2006年公布）整体保存状况较好，其余约1 500处历史建筑由于规模较大，且缺乏法定保护，处于"消极保护"的状态，长期缺乏维修和维护，配套不足、自行改造、乱搭乱建的情况较为普遍，保存状况较差。

规划运用"针灸法"，建立历史信息要素评价内容和评估体系，根据历史文化价值特征和保存现状的不同，分特殊保护、重点保护、一般保护三种不同情况进行保护。

五、规划实施情况

青岛对历史文化遗产的保护与利用实践主要分为三类：利用历史建筑调整功能置换为博物馆；利用工业厂房建设文化创意园、餐饮休闲场所；利用特色街道打造特色商业街。

1. 历史建筑利用

2004年，欧人监狱旧址经过修缮与功能转换后，成了集监狱建筑群、司法文物收藏为一体的特色博物馆。

2000年9月，康有为故居修复后正作为展览馆正式对外开放，展出与康有为生平有关的历史照片、文献和实物，开展学术研讨、近现代爱国主义教育等活动，丰富和提升了康有为故居纪念馆文化内涵和社会影响。

2011年，按照胶澳邮政局旧址的历史图纸对其进

行修缮与改造，现作为青岛邮电博物馆对外开放，馆内展出展品1 000余件、历史图片2 000余张，向参观者展现青岛邮电通信发展历史。

2. 工业厂房利用

2003年，利用青岛啤酒厂内老生产车间改建的青岛啤酒博物馆建成开放，是国内首家啤酒博物馆。

2009年，利用青岛丝织厂和青岛印染厂旧厂房原址改建成了青岛纺织博物馆和天幕城，采用实景复原、展品展示等方式，对青岛纺织业的形成、发展历程进行全面介绍。

3. 特色历史街道利用

"劈柴院"位于中山路西，2007年起，通过居民房产置换和特色产业植入等手段，对"劈柴院"进行维护与改造，在最大限度恢复历史原貌的基础上，赋予其新的功能与活力。目前"劈柴院"已成为广受游客喜爱的旅游、餐饮场所。

六、结语

历史文化名城的保护不是为了过去而保护，而

是为了城市现在和未来的发展对过去的一直延续，是城市文化的时空传承，也是一座城市发展的灵魂与根基所在。而目前历史文化遗产保护的最大障碍则是对历史文化名城价值的认同度不够，保护规划首要任务是以城市发展的眼光对名城价值体系进行归纳和提炼，以提高全社会对历史文化名城价值的认同度。

历史文化名城保护规划得以实施的关键在于配套法规政策、管理机构设置、部门职能、管理监督制度等保障机制的建设，以及在保障机制建设过程中，需明确保护区城市更新过程中政府主导的地位、历史文化遗产规划和实施过程中加强公众参与度，通过一系列制度的建设与完善，保障保护规划得以贯彻与实施。

注释

[1] 青人办工[2009]16号097号议案《关于加强青岛历史文化名城保护和利用的议案》。

[2] 本文引用所有历史图纸均来源于青岛市档案馆。

参考文献

[1] [美]科佩尔•S•平森. 德国近现代史：它的历史和文化[M]. 范德一，译. 北京：商务印书馆，1987.

[2] 宋连威. 青岛城市的形成[M]. 青岛：青岛出版社，1998.

[3] 华纳. 德国建筑艺术在中国. Hongkong: Everbest Printing Co. Ltd.1994.

[4] 青岛市档案馆编. 岛开埠十七年：《胶澳发展备忘录》全译. 北京：中国档案出版社，2007.

作者简介

潘丽珍，青岛市城市规划设计研究院副院长，工程技术应用研究员、国家注册城市规划师、国家一级注册建筑师；

孙丽萍，硕士，青岛市城市规划设计研究院，工程师；

金 超，硕士，青岛市城市规划设计研究院，工程师。

城市风貌规划的"导控"策略
——以当阳市城区风貌规划为例

Guide and Control Strategy of the Urban Style and Features Planning
—With the Dangyang Urban Style and Features Planning as an Example

余柏椿
Yu Bochun

[摘　要]　城市风貌规划既要引导,更要控制。本文扼要介绍了当阳市城区风貌规划实施"导控"策略的具体方案。
[关键词]　城市风貌;规划引导;规划控制;当阳市
[Abstract]　Urban style and features planning should guide, to control. The paper briefly introduced the guidance and control strategy of Dangyang urban style and features planning.
[Keywords]　Urban Style and Features; Planning Guidance; Planning Control; Dangyang
[文章编号]　2015-66-P-026

　　提高实效性是当下城市风貌规划的课题,作为探讨和实验,笔者主持完成的当阳城市风貌规划不做漂亮的图面文章,侧重实施,平衡理想与现实的关系,实施"高点引导、低点控制"策略,采用图式语言进行城市风貌保护和更新的"引导"和"控制"。

　　城市风貌规划"引导"是对城市风貌构成要素进行系统优化的规划设计。"引导"侧重理论应用和技巧处理,是按照较高目标对城市风貌保护和更新提出的技术指导方案,多少有理想主义成分。"引导"属于城市风貌规划的高点目标。

　　城市风貌规划"控制"是对那些明显会对城市风貌产生破坏作用的规划设计内容和建设行为提出禁止规定。"控制"属于城市风貌规划的低点目标。

　　所谓"高点引导、低点控制"策略是按照高标准、高要求进行城市风貌构成要素的引导性规划设计,同时找准可能对城市风貌形成破坏的临界点进行严格控制,提出具体的禁止要求和规定。"高点引导"可以优化城市风貌品质、突出城市风貌特色,"低点控制"可以避免城市规划和建设不犯大错误,保障城市风貌不紊乱。

　　当阳城市风貌规划执行了"四导"和"四限"的规划策略方案:"四导"包括风貌要素系统引导、空间补漏引导、文化符号信息引导和形态设计引导;"四限"包括限高、限风格、限色彩和限违规。

一、"四导"

1.风貌要素系统引导

　　城市风貌要素系统引导包括对空间要素、建筑要素和景观要素三大系统的引导。

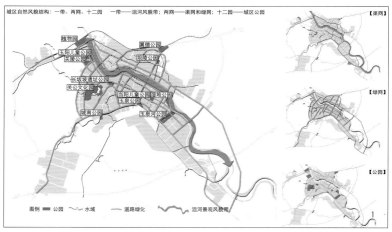

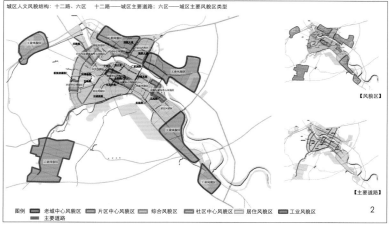

城市风貌空间要素引导是对城市功能区和公共空间进行自然风貌和人文风貌的功能分区，形成结构清晰的自然和人文风貌系统。

当阳城市风貌规划按照水渠成网、绿地成网和公园成系统的原则，规划形成"一带、两网、十二园"的自然风貌结构。同时根据城市功能区特点以及道路的风貌敏感程度，规划了"六区、十二路"的人文风貌结构。此外，为了指导城市特色风貌的规划设计和建设，专门拟定了"五一"城区特色风貌结构。

建筑要素是城市风貌重要的构成要素。当阳城市风貌规划对建筑的风格、高度和色彩进行了引导。

当阳建筑风格以现代风格为主，在历史风貌地区规划的是地方现代建筑，另外，考虑审美多元化需要，在极少量地段安排了仿欧风格。保留了现状的仿古建筑。

建筑高度是在城市开发强度分析基础上，充分考虑飞机净空要求，根据建筑形态审美法则，对不同高度建筑进行分区规划，同时对高层集中区和制高点进行规划引导。

建筑色彩与城市性格、城市文化和城市大众审美等因素有关。当阳城市风貌规划在综合考虑这些因素后，确定了当阳城区的主色调，主要工作是按照街区和地块的功能性质特征，对街区和地块的色调进行统一规划。

景观要素是城市风貌的柔性要素，对体

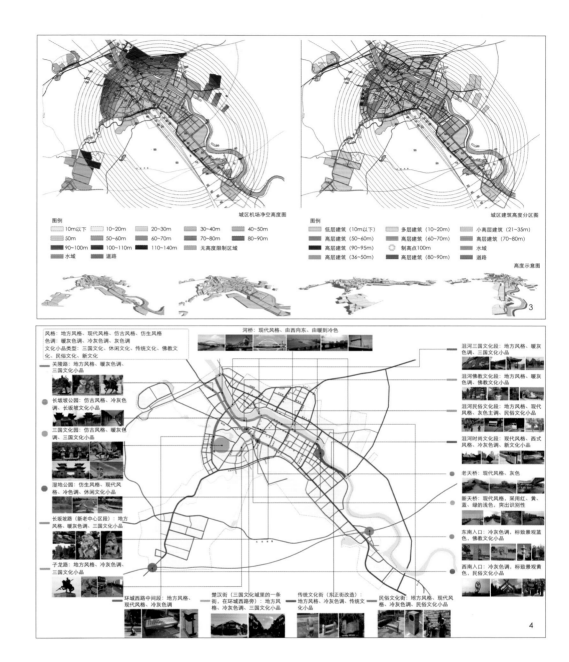

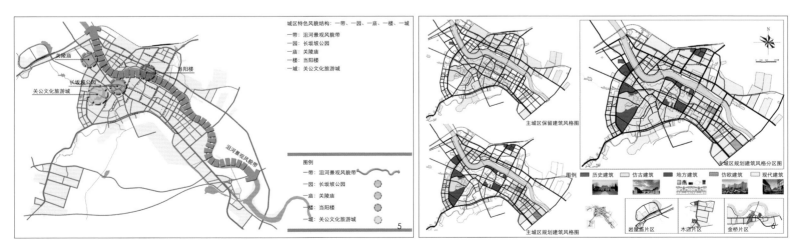

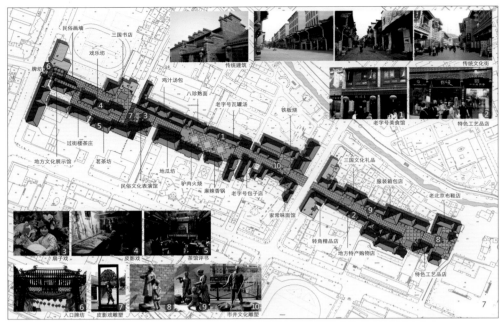

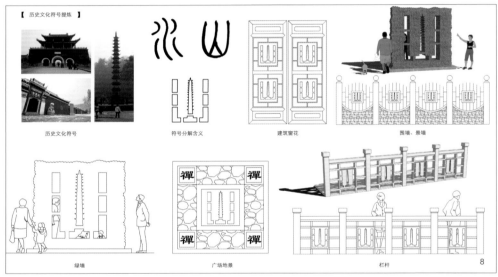

现城市文化风貌特色至关重要。当阳城市风貌规划采用空间设施风貌的概念对敏感公共空间的景观要素的风格、色调和文化小品类型分别进行了规划设计引导。

2. 空间补漏引导

社会风情是城市风貌的重要构成要素，一般城市规划往往忽视对表现和体验社会风情的城市空间进行组织，而安排适合表现和体验社会风情的场所应该成为城市风貌规划的要务之一，风貌规划中的这项工作可称为城市风貌规划的空间补漏引导。

当阳城市风貌规划在城市规划的空间格局基础上，结合老城更新改造，规划了一条传统文化街——东正街，采用地方民居符号和现代建筑语言，形成具有历史感的街道空间形态。另外，在沮河地段规划了一条民俗文化街，把地方民俗文化通过建筑和空间环境要素进行表达。新增加的两条风貌街丰富了当阳市城区社会风貌空间，强化了城市文化风貌特色。

3. 文化符号信息引导

体现城市风貌的地方性特征是城市风貌规划的一项艰难而必要的任务。当阳城市风貌规划采用地方文化符号设计方法，把具有当阳历史文化特色的景观和建筑的形态特征进行抽象，形成可用于建筑和景观的文化信息符号，以此来渲染当阳城市风貌的地方性审美特征。

4. 形态设计引导

高品质的建筑和空间环境设计对城市风貌有着质的提升。当阳城市风貌规划对当阳城区整体空间形态及标志性、敏感性城市风貌要素的形态进行了设计引导，引导的重点在沮河沿岸及城区重要节点空间。

二、"四限"

1. 限高

限制高度是当阳城市风貌规划非常重要的工作和任务。当阳城市风貌规划在两个方面对建筑高度进行了限制。首先是机场净空要求，当阳城区南有一机场，对城区有严格的净空要求，也就是说当阳城区建筑高度的上限不能突破机场净空高度。其次是城市空间体型审美要求，当阳城市风貌规划按照审美基本法则，基于城市重要公共

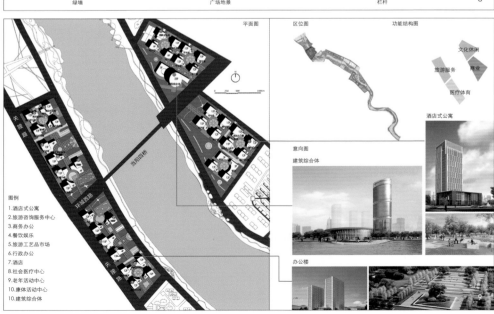

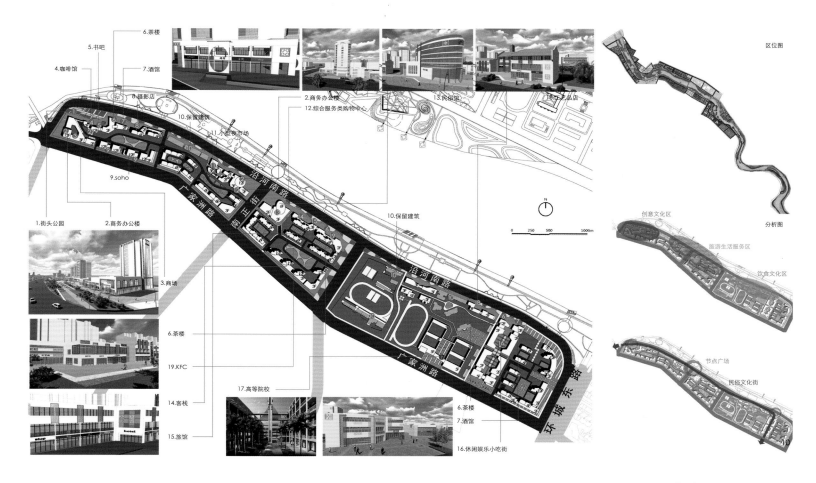

6.茶楼
5.书吧
4.咖啡馆
7.酒馆
8.摄影店
2.商务办公楼
12.综合服务类购物中心
13.民俗街
18.工艺品店
10.保留建筑
11.小商品市场
沿河南路
9.soho
广家洲路
恒正街
10.保留建筑
1.街头公园
2.商务办公楼
3.商场
沿河南路
6.茶楼
19.KFC
广家洲路
14.客栈
17.高等院校
环城东路
15.旅馆
6.茶楼
7.酒馆
16.休闲娱乐小吃街

区位图
分析图
创意文化区
旅游生活服务区
饮食文化区
节点广场
民俗文化街

0 250 500 1000m

N

7.传统文化街总平面图
8.历史文化符号图
9.社区与旅游服务中心详细设计图
10.民俗文化街详细设计图

空间界面的建筑轮廓要求,除划定了指导性的轮廓线外,还专门划定了不得超越的控制轮廓线,确保了建筑群符合基本审美法则的要求。

2.限风格

建筑风格是非常敏感的城市风貌影响要素。城市风貌规划既要考虑城市建筑风格的主导性,同时也要考虑建筑风格形成的复杂性及建筑审美的多元性需求。当阳城市风貌规划在建筑风格限制方面主要对不适合仿古和仿欧风格的地块和空间界面提出了限制规定。

3.限色彩

城市建筑色彩的主色调要和城市性质、城市文化及空间功能性格相吻合,同时不得破坏城市色彩单元地段的整体性。按照这个原则,当阳城市风貌规划对比较敏感的色彩提出了限制规定,比如,黑色、红、黄和蓝三原色,同一建筑的红与绿、蓝与橙、黄与紫的对比色等。

4.限违规

城市开发建设中违反常理和常规的做法在所难免,其中有些行为是直接影响和破坏城市风貌的。当阳城市风貌规划本着对自然风貌和历史文化风貌进行重点保护的原则,采用规划管理条例的形式,对挖山填水和破坏文物等突破蓝线、绿线和紫线及其他的违规建设行为提出了严格的限制规定。另外,对违背规划设计原理的一些做法提出限制规定,比如,相同建筑不得重复排列7栋以上,在滨水地段不得安排大尺度的板式建筑等。

城市风貌规划的引导或许能够勾画出城市美好的风貌蓝图,而城市风貌规划的控制或许是一个实实在在的有效的规划建设管理文本和图则。城市风貌规划既要在引导方面下功夫,更要在控制方面下力气。

作者简介

余柏椿,华中科技大学建筑与城市规划学院 教授、博导,城市与景观设计研究中心主任,原建筑与城市规划学院副院长、城市规划系主任,中国城市规划学会理事、城市设计委员会委员,雅克设计集团总城市设计师、雅克景观与城市设计研究中心主任。

特色空间规划的系统方法实践
——以衡阳总体城市设计为例

The Practice in Systematic Method of Characteristic Spatial Planning
—Take Hengyang Master Urban Design as an Example

刘 岩
Liu Yan

[摘　要]　特色空间规划是凸显城市特色、避免千城一面的重要手段。然而，仅从城市形态角度出发的特色空间规划注定失败。文章首先在实践论上阐述了特色空间规划应当以"体系应对体系"的规划思路，总结提炼了特色空间规划的系统方法，并以衡阳总体城市设计作为案例进行了重点解析。

[关键词]　城市特色；特色空间；总体城市设计；衡阳

[Abstract]　Characteristic spatial planning is a crucial method to highlight urban feature and avoid similarities in construction progress. However, to carry out the planning only in terms of urban morphology is going to fail. This article firstly argues that characteristic spatial planning should hold the frame of "system to system", and then summarize the systematic method in characteristic spatial planning. Furthermore, this article explains the method with an selective analysis in Heng Yang master urban design.

[Keywords]　Urban Feature; Characteristic Space; Master Urban Design; Hengyang

[文章编号]　2015-66-P-030

一、特色空间：不仅仅是城市形态的问题

进入21世纪以来，"千城一面"成为描述我国快速城镇化背景下的建设特征时被引用最多的词之一。而关于城市特色和特色空间的各种表述和实践，大多数也围绕着目标导向[1]和问题导向[2]两个思路进行，这两种思路的核心都是从城市形态的角度出发，重点解决城市建设过程中的形态塑造问题。

从特色空间规划这些年在我国实践的实际效果看，特色空间规划往往通过细致入微的形态研究，从城市设计的角度提出若干控制建议，甚至提出城市形态设计的导则，而这些导则动辄与控制详细规划或者修建性详细规划进行"密切绑定"。从专业理解的角度出发，规划师的这些工作无疑是富有想象力的，也是卓具成效的。从2005年开始，笔者参与或主持了多地的特色空间规划，规划的成果也同样是无所不用其极，甚至力图实现对当地整个规划审批体系的全面植入。然而，项目完成后的几年里，笔者受邀参与这些城市的建设讨论与决策时，却发现以城市形态为核心的特色空间规划实施困难：形态系统是城市规划体系中的一部分，它远非Zoning般的自成体系——形态控制是以人为本位的，体现了城市特色，汇聚了特色空间，而城市的用地、交通、产业、服务设施仍然站在城市为本位的基调上，无论特色空间规划如何去协调、继承或者遵循，这些"上位规划"的路径已经与特色空间规划的初衷背道而驰。

正因为如此，设计中开始逐渐意识到，通过特色空间来解决城市形态问题，需要一个十分重要的前提：整个城市的规划建设系统如果愿意围绕城市特色空间来组织，特色空间的规划内容才能真正在城市中生根发芽。

二、以体系应对体系：特色空间规划落实到城市建设中的基本逻辑

十八大后，中央新型城镇化会议将城镇化过程中的"特色"建设体现在了决议中。从"增量"到"存量"，从经济增长到特色建设，中组部对地方干部政绩的考核标准也悄然发生了变化。这意味着，当前的政策背景也已经将城市规划拉回到市民生活密集的旧城中来：从1990年代开始导致全国城市格局趋同的大水面、长轴线等西方式做法已经不再适应当前城镇化背景下的中国城市规划，折腾过后的城市必将回归到市民生活的基本场景中来。然而，这个场景是什么？我们很多的规划师已经很难回答。2012年10月，笔者在参加某省会城市城市设计项目评审时，规划师慷慨陈词，认为街道公共生活的复兴是这座城市活力激发的源泉。不过显然，我们的很多规划师并不通晓历史：《洛阳名园记》中描述的城市街道，难道是佛罗伦萨式的街道公共生活？这种中西方之间乾坤大挪移所导致的后果是，只有郊区的Mall可以按照新城市主义的逻辑存活，城市中心区大量缺乏趣味性的商业板块使得众多城市管理者无所适从。这显然不是城市特色引导下中国城市市民的生活场景。

除了场景的行业认同模糊，我们既有的规划成果是否支持这一转化呢？2007年，北京对新城规划中主干道的宽度标准是不低于45m，对次干道的标准是不低于35m，支路一般控制在25m。按照这一标准，在很多新城采取了小网格高密度的规划方法，150m左右成为一个基本街块。于是，宽街道和小地块的做法使得城市肌理略显滑稽：即使有了小网格，人们是不是会在双向6车道的街道中自由穿越？

交通体系与城市特色的矛盾只是一个缩影。城市的用地、公共服务设施等其他系统也同样沿着城市本位的道路跃进了近30年。我们的城市规划建设已经将特色甩的太远，积重难返。城市规划是一个完整的体系：总体规划搭建了基本框架；用地、交通、设施、形态各个系统支撑着这个体系并向下游延伸；控制性详细规划则是在框架下落实各个体系的支点。要使这个体系从关注城市转向关注人，必须以体系应对体系。

三、从城市特色出发的系统规划落实：特色空间规划的基本方法

从2007年起，笔者及所在团队先后在河北、山东、内蒙、甘肃、江苏、浙江、湖南、福建、广东、云南等地进行了大量规划实践，从最初就形态论形

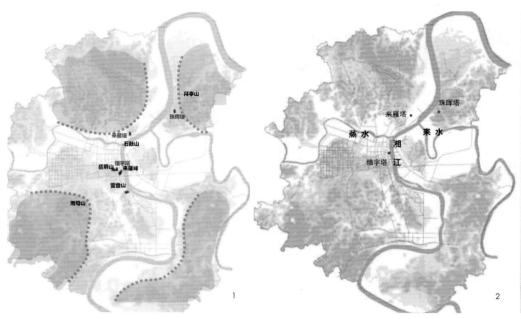
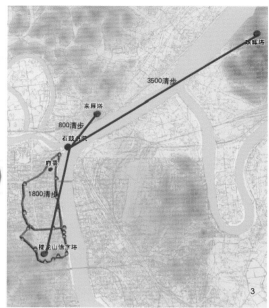

1.衡阳古城四山拱卫的城市特色格局
2.蒸水来水与湘江构成的衡阳环境骨架
3.衡阳古城及江口、塔之间的空间对位关系

态，由形态影响城市建设（承德特色空间规划、南京特色空间规划、石家庄总体城市设计）到后来的系统问题解决、策略式的系统更新（兰州特色空间规划、株洲旧城更新规划、通州特色空间规划、淮安特色空间规划、正定古城保护提升），再到现在的以系统方法促进城市特色空间规划的可实施性（包头北梁棚改、衡阳总体城市设计、昆明传统中轴线城市设计、曲靖南盘江城市设计），对特色空间规划的认识不断深入，对规划的系统性方法也不断摸索完善。

通过这些实践，笔者认为，特色空间规划的关键在于明确规划与法定编制体系的对应阶段，在技术路线上则应当采取以下4个步骤：（1）以遗产观为导向，从山水环境、城址格局、历史沿革、生活习俗等各个方面深入发掘城市特色，同时应当重视现状建成环境的基本特色；（2）以城市特色为基础，将特色落实到具体的空间上来；（3）向传统城市学习，组织特色空间的结构，并以此为基础形成用地、交通、服务设施、开放空间等系统的规划建议，根据特色空间规划所处阶段，与法定规划进行充分融合；（4）回归城市形态，通过对城市形态的控制为城市建设建立基本秩序。

四、衡阳的特色空间规划实践

衡阳是湖南省中部的中心城市，中心城区规划面积160km²。城市依托湘江而建，蒸水、耒水从东

西两个方向汇入湘江，当前形成的纵横发展骨架格局清晰，城市活力空间已经具备一定规模。此外，城市中心的回雁峰是衡山七十二峰的起点，与回雁文化、湖湘文化相关的各类物质与非物质内涵丰富。

2013年，衡阳市规划局与笔者所在团队合作，对中心区全部范围内编制总体城市设计，旨在控制城市形态、凸显城市特色。经过多次沟通，衡阳的规划管理部门认识到，要实现城市特色的凸显，必须使城市规划的各个系统与城市特色的组织协调，共同支撑特色空间规划的实现。

在这个共同认识下，衡阳的总体城市设计从价值特色发掘出发，研究了城市特色及其物质、非物质载体的现状情况与可提升潜力，并就特色空间形成了有效的规划组织结构，在这一结构的基础上对用地、交通、公共服务设施、绿地开放空间、城市形态秩序等各个系统进行了详细梳理，最终落实到控制导则和具体地段的设计中。

1.城市特色的发掘

根据衡阳城市的基本特点，规划从四个层面提炼城市的价值特色：首先是以"回雁"为特征的文化表征。其次是衡阳城市生成发展所依托的山水环境特色。第三是衡阳的历史文化特征。最后则是衡阳城市的现状建设特色。这四个层面具体表现为8个显著特征。

（1）以"回雁"为特色的中国传统文化地标

衡阳因"北雁南飞，至此歇翅停回"，故雅称"雁城"，从班固《两都赋》到王勃的"雁阵惊寒，声断衡阳之浦"，再到范仲淹的"衡阳雁去无留意"，"衡阳雁"已成为中国传统知识分子的一种认知象征，与"天涯海角"、"江南"的人文情结共同构成了中国重要的传统文化地标。难能可贵的是，衡阳雁已经成为衡阳城市建设最重要的文化支点，在城市建设和文化建设的各个方面发挥着重要的作用。

（2）南岳之首、四山拱卫、丘陵密布的地貌特征

史志记载，南岳衡山共有七十二峰，分布在衡阳、衡山、衡东、长沙、湘潭、益阳诸县，以祝融峰为中心，南以衡阳回雁峰为首，北以长沙岳麓山为足。按照《读史方舆纪要》中对衡山七十二峰的描述，七十二峰的分布与湖南境内的驿道体系、湘江航运关系密切。从山、江、聚落的分布特征看，始于衡阳东洲岛、回雁峰，沿湘江顺流而下，止于岳阳城陵矶的湖南东部历史文化轴线呼之欲出。

衡阳中心城区地形延续衡山的山势以丘陵地貌为主，城市四周的四主山、三座风水塔（来雁塔、珠晖塔、接龙塔），内部重要的四峰（营盘山、来雁峰、岳屏山、石鼓山）共同形成四山拱卫的城市特色格局。

（3）湘江纵贯、三水交汇、坑塘密布的水系特色

衡阳市地处衡阳盆地中心，地形、地质构造特征和气候为本区水系发育提供了十分有利的条件，区域水系格局的连续、完整。湘江由南向北穿城而

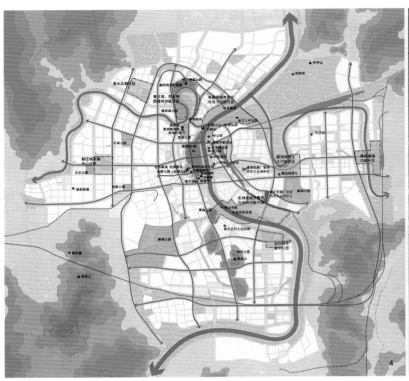

4.衡阳各类特色要素的空间汇总图
5.特色空间规划图
6.调整——中心城区用地规划图
7.中心城区用地规划图

过，耒水、蒸水在城北与湘江交汇，城区内部水域面积广阔，坑塘水系星罗棋布水资源十分丰富。

（4）山、水、城一体的城市选址特色

乾隆《衡州府志》载："左直雁峰，右带湘水，蒸流迴注，耒水汇之，东洲浮其前，石鼓蹲于侧，隔岸望之，形如偃月，虽非天险之邦，而萦纡逶迤，秀色茏葱，亦环中之，佳丽者也。"嘉靖《衡州府志》中对衡阳城市选址的描述则更为大气："东傍湘江，北背蒸水；襟带江湘，控引交广；岭开越峤，路转荆门；潇湘带其左，衡右奥区。"在这些描述中，湘江、耒水河、蒸水河交汇于衡阳市中心城区，形成三道水口，每座水口则有塔为镇（来雁塔、珠晖塔、石鼓书院），成为衡阳山、水、城一体的最大特色。《读史方舆纪要》中明代古驿道的图示中，衡阳府是湖南通向两广驿道的重要一站，历史上交通地位突出。

规划通过对衡阳古城传统格局的研究，认为古城内外的重要公共建筑之间存在一定的模数关系，具有传统古城选址的一般特征。

（5）山围水汇、道法自然的古城格局

衡阳古城的营建依山就势，东邻湘江，南倚来雁峰、岳屏山，形成天然的屏障。明清时期古城内部就形成东部商业区，北门、西门为中心行政区，石鼓书院与船山书院为文化区，大致的功能分区。其位置险要，是历史上的军事重地，经过多次的战争，传统风貌虽已丧失，但古城整体轮廓格局尚存（现状中山北路、环城北路、环城南路、湘江南路、湘江北路）主要街道走向仍呈四纵七横传统格局。古城重要建筑之间、街坊尺度及城市轴线尺度存在着典型的尺度模数关系：县属望湖门距离为100清步（160m），府署—鼓楼、潇湘门—鼓楼、太清宫—鼓楼距离为100清步并成60°夹角，道署—菩提庵，道署—城隍庙距离均为100清步。

（6）丰富多样的文保单位与传统建筑

石鼓、雁峰、蒸湘、珠晖四区共有文物保护单位74处，其中省级文物保护单位5处、市、县级文物保护单位10处。调研发现具有传统风貌的建筑18处。规划对历史建筑及传统风貌建筑分别建立保护档案，对其进行严格保护。

（7）名人荟萃、文化景观悠久的湖湘文化名城

衡阳是王夫之先生的静修传道之地，也是湖湘文化重要的生成和传播基地之一。船山先生的旧迹在衡阳随处可见，文化影响十分深远。而作为湖湘文化中"好勇尚武"的代表，曾国藩的衡州练勇、彭玉麟的水师提督衙门均设立在衡阳古城周边。当然，衡阳当前历史文化要素保留较少，与抗战末期的衡阳保卫战有很大关系。作为抗战历史上最可歌可泣的战斗之一，长期受意识形态影响被人为淡化，不能不说是一种遗憾。

（8）依形就势、适度集中、组团分布的建设现状

衡阳重要的开放空间都结合城区内的主要山体及水系分布，呈现依形就势、尊重自然的开放空间形态布局。例如：烈士陵园及雁栖湖公园的布置结合了蒸水湾与虎形山的有利自然条件；岳屏公园、雁峰公园的形成也分别依托于岳屏山、回雁峰的良好景观条件；南郊森林公园的选址更是串联了义山、月形山、光家岭、东茅岭的特色地貌。同样，由于城市的水系和铁路的分割，公共服务设施的布局已经呈现多组团、适度集中的显著特征。

2. 城市特色的空间落实

衡阳城市特色的表达方式各不相同，但各类城

市特色都不同程度地在城市中留有印迹。将这些印迹落实到空间上，就形成了衡阳城市的不同类型的特定意图区，这些特定意图区的集合则称之为特色空间。值得一提的是，城市的特色空间往往都是散乱而无规律的，但就是这些散乱的特色空间，构成了城市中最值得保留、关注、提升、利用的空间。城市规划，不论是法定意义的总体规划、控规，还是各类城市设计、转向规划，它们的核心目的之一，应当是梳理整合这些空间，将城市特色融入城市规划中。

3. 特色空间的规划组织与系统梳理

面对这些城市特色空间，规划首先建立整体保护、展示与利用的空间结构，在结构的基础上研判现状建设条件，形成特色空间的整体规划。根据特色空间规划，对城市的用地、交通等各个系统提出梳理建议，以期影响和干预正在修编的衡阳城市总体规划。

（1）特色空间结构的形成与规划布局的落实

在都市区层面，规划整合周边自然资源，建立"城"与其他要素之间的有机衔接，凸显城市自然及历史要素。通过加强具有针对性的建设及控制引导，充分发挥都市区内"山、江、塘、城"四种都市要素的景观价值。

在中心城区，规划则进一步梳理，形成了"一江两水、四山三塔、一带一轴、一核八片、组团布局、服务成网"的空间结构。这一结构事实上包含了三个层次的内涵：以"一江两水、四山三塔"为核心的山水城一体的城市基本建设逻辑；以"一带一轴、一核八片"为核心的空间组织逻辑；以"组团布局、服务成网"为核心的组团微循环服务设施布局逻辑。

值得注意的是，这一空间结构是建立在对城市特色的传承和凝练基础上的，它的可实施性则依赖于对地面建设情况的整体掌握。因此，规划对衡阳中心城区进行了细致的调研和普查工作，将城市的用地和建筑分为十六种重建情况，最终汇总成为"拆除重建"、"整治改造"和"保留提升"三种类型，并对这三种类型的土地和建筑进行了详细的统计。

在这两项工作的基础上，规划才能落实到用地上，也就成为了普遍意义上的特色空间规划。特色空间规划的内容表达实际上只有两部分：城市开放空间的聚合与城市活力空间的聚合。这两种聚合的具体内容可以有多种变体，但从人对城市需求的角度而言，规划中"有颜色"的区域，代表了城市特色的聚合区，也是城市居民认同感强烈的区域。当然，城市的用地布局和交通组织也应当围绕这些地区展开。

（2）对各个城市系统的梳理建议

在特色空间规划的指引下，规划形成了各个系统的规划建议。这些建议的主要内容是与正在修编的总体规划对接，使以城市为本的规划兼顾人的生活需求。事实上，这些建议对总体规划提出的要求并不多，这也体现了城市规划编制者在认识上的统一和对人本问题的关注。例如，规划对总体规划的用地提出四处修改建议，总面积仅为2km²；对交通设施围绕城市特色

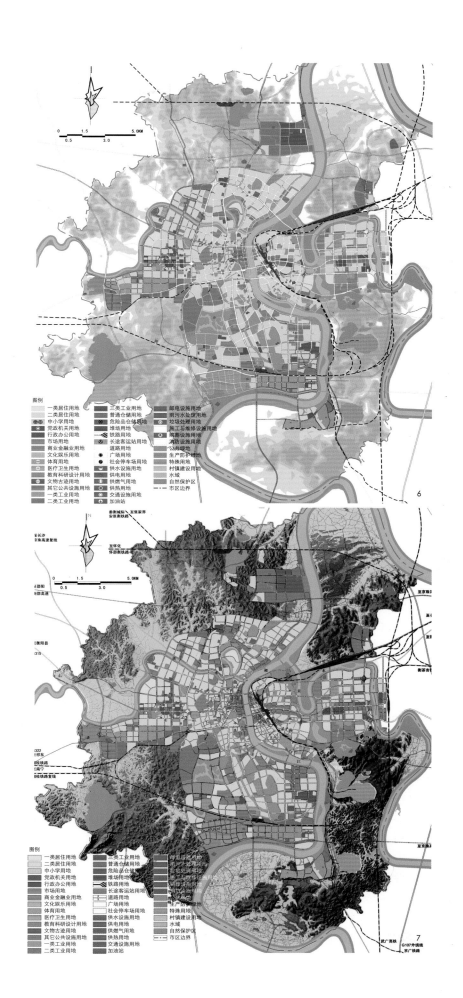

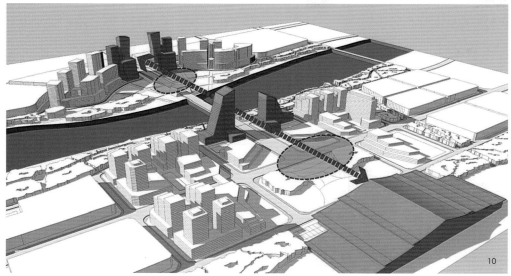
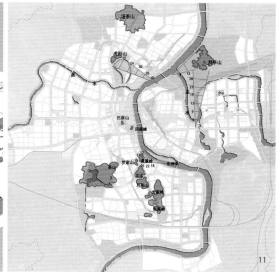

8.来雁塔地区示范性设计建议
9.酃湖地区示范性设计建议
10.高铁站地区示范性设计建议
11.以视廊校核建筑高度

展开提出了6点建议，涉及干道3条、支路11条，修改内容除了两条改线外，均为断面收窄和密度加大；对公共服务设施的配建标准提出了"有所建、有所管"的实施性建议，对实际用地的变化不大。

4.特色空间规划对城市形态的具体控制方法

毋庸置疑，特色空间真正的落脚点还是在城市形态上。有了对各个城市系统的具体建议，事实上已经将衡阳的总体规划向着围绕城市特色塑造的有利方向进行了引导，这一引导对城市形态体系规划的意义是十分重大的。

在对待城市形态系统上，衡阳总体城市设计将土地区位图及其代表的级差地租作为研究的第一对象，并通过城市高度、视线的修正研究确定了用地的建设高度。

在各个系统规划及高度控制引导的共同指引下，规划在衡阳中心城区认定了9个片区、20条路径、16个设计节点。这些片区、路径和节点是城市特色最集中的反映，也是城市公共生活的最核心。规划对这些路径、片区、节点分别制定了具有针对措施的控制指标体系，为城市未来的形态规划建设制定了基本的秩序，也将这一秩序落实到实施导则中。值得一提的是，衡阳与我们参与规划设计的多数地方政府一样，将这些秩序以部门规章和地方规定的方式进行了强有力的推行，为未来城市建设的秩序化打下了坚实的基础。

当然，在这一秩序的引导下，我们也对近期重点实施的节点进行了设计示范，通过这些示范，建立社会各界对执行这一秩序规定的共识，也为城市未来的规划建设树立应有的示范作用。

五、结语

2014年年底有家企业做了个古城里的城市设计，不慎被贴到了网上，然后被广为诟病。那家企业的负责人很委屈，在微博上说：这就是委托方的一个委托设计，我们用心表达我们的设计水平，离实施很远，具体实施不实施也不是我们的事。这个委屈的帖子受到了很多从业人的同情。

这是个引子，我想说的是，这些年我们团队进行特色空间规划的项目逐渐少了，因为我们对城市的管理者有要求：如果让我们来进行城市设计工作，要么能立法，把城市特色空间的规划变成城市建设的基本规矩；要么能建设一部分，把城市最核心的特色抓出来，让市民感受到。如果仍旧是一张美图、一个设想，城市规划就成了拿学术知识换取人民币的无聊勾当，徒长了城市规划行业从业者的戾气，浪费了纳税人的钱粮。

认识到这点，理解特色空间规划就很容易：这个规划的出发点就是可实施的，它关注了人对城市全部的美好记忆与美好感情，这些记忆与感情也必须融入城市的生活中去。也就是说，城市规划，首先是常识，其次才是技术。只可惜，我们对这个常识了解的有些迟。这种迟到的认识也就决定了特色空间规划虽然有远大的前景，但实现之路并非坦途：常识或者技术都只是第一步，没有达成这种具有存在感的实现，特色空间规划就难说成功。

注释

[1] 以凸显城市特色为目标。

[2] 重视解决形态问题。

本文引用了清华规划院名城所《衡阳总体城市设计》项目中的大量内容，本项目总负责人霍晓卫、刘岩，执行负责人李蓓蓓、李婷，主要参与人包括刘小凤、刘娴、张运思、刘丽娟、王紫等。

作者简介

刘　岩，清华大学硕士，现为北京清华同衡规划设计研究院名城二室主任，注册规划师。

面向实施的城市风貌特色规划实践与创新
——以湖北省十堰市城市风貌特色规划为例

**Planning Practice and Innovation for the Implementation of the Urban Landscape Features
—Taking Urban Landscape Features Planning of Shiyan City, Hubei Province for Example**

管 娟
Guan Juan

[摘　要] 自20世纪80年代以来，各地纷纷开展了与城市风貌相关的各种规划探索，在实践过程中，历经从最初基础理论的探讨、研究方法的摸索、内容体系的搭建，到目前更加关注实施策略的提出，相关规划的衔接与成果转化的运用这些实质性的能与地方规划管理相结合的研究。本文结合具体的规划案例《湖北省十堰市城市风貌特色规划》，阐述在规划编制过程中如何与地方规划实施管理相衔接，构建面向实施的城市风貌规划，全面指导规划设计与建设实践，以期搭建一个面向规划实施的城市风貌规划研究框架，为同类型的规划项目提供有益的参考。

[关键词] 实施；风貌特色规划；十堰

[Abstract] Since the 1980s, various regions carry out the various planning related to city landscape to explore, in the process of practice, from the beginning, discussing the basic theories, the exploration of research methods, the construction of the content system. At present, we pay more attention to study on how the implementation of the strategy, the cohension of related planning, and the use of the achievements can be combined with local planning management. In this paper, taking the specific planning case programming "Shiyan city, Hubei province landscape features planning" for example to elaborating how to combined with local planning management during the local planning, in order to construct a city landscape for planning practice, given comprehensive guiding planning design and construction practice, in order to build a framework of urban landscape planning research for planning practice, which provide a beneficial reference for the planning projects of the same types.

[Keywords] Implementation; Landscape Features Planning; Shiyan

[文章编号]　2015-66-P-036

1.不同范围意向构筑
2.五大核心要素
3-4.城市特色分区
5.道路特色路网构建

一、城市风貌特色规划：热话题的新思考

1. 从"危机论"到"竞争论"[1]的风貌规划历程

城市风貌规划最早伴随着20世纪80年代末90年代初期的城市特色探讨而出现。城市建设发展提速导致城市物质空间形态出现断层、碎片，传统文化生活受到抑制，甚至消亡，为此一系列的"保护"、"挽救"等风貌保护在20世纪90年代全国各地普遍展开，尤其是一些历史积淀较为厚重而城建势头迅猛的大中城市，可以说当时的风貌规划是一种风貌"危机论"的产物，编制规划的多是历史保护规划。随着21世纪城市发展全球化时代的到来，城市作为体现全球化影响的主要载体，以多种复杂的方式进行着全球资源、市场、发展空间与发展机会的竞争。生活质量及地区文化等"软性因素"在这一争夺中开始备受重视，城市风貌的意义已经不仅仅局限于美化城市视觉空间环境，提升城市空间环境质量，更多地关乎如何塑造城市形象、繁荣城市文化、打造城市品牌。

2. 城市风貌特色规划的特征

城市风貌特色是一个城市区别于其他城市的特殊表象，是城市的社会、经济、历史、地理、文化、生态、环境等内涵所综合显现出的外在形象的个性特征。城市风貌特色规划是对城市历史文脉进行挖掘，从而引导城市形成富有个性魅力的空间形态的一项专项规划，具有以下三方面的特征。

（1）规划成果的非法定性

在经济转型和快速城市化时期，由于经济社会需求的多样化、利益主体的多元化，现有法定规划体系已不能满足城市社会发展的现实要求，城市风貌特色规划也就在此背景下产生的一类非法定性规划，目前还没有统一的编制标准和评价准则。

（2）规划方法的综合性

我国现阶段城市规划大致分为总体规划（含分区规划）与详细规划两阶段，而风貌规划可以介入城市规划的各个阶段，是在多层次法定性规划的指导下形成的一项专项规划，在规划方法上运用了总体规划、详细规划、城市设计等规划的方法，同时也借鉴了战略规划、概念规划的一些手段，在规划方法上具有较强的综合性。

（3）规划内容的全面性

城市风貌规划从宏观对策到微观形象的塑造，是一项复杂的系统工程，一方面需要从区域、城市的整体宏观层面上，从指导方针、政策策略的高度分析城市与自然环境的依存关系，提出给人以鲜明印象的城市意向；另一方面，还应以实体环境与视觉艺术为基础，塑造城市中观与微观层面上的实体环境。因此，需要各部门、多学科的协调合作。

3. 城市风貌特色规划编制的新思考

本文结合笔者参与的《湖北省十堰市城市风貌与特色规划》，对该规划的规划编制与实施进行研究，探索城市风貌特色规划与法定规划相融合，以实施为导向，将城市风貌特色规划这种非法定规划的规划内容和法定规划的实施性和管理性内容相结合，从而提出城市风貌特色规划编制的新思路，找寻面向实施的风貌特色规划的新思路。

二、实证探讨——十堰市城市风貌与特色规划

2011年10月，十堰市规划局经过多家设计单位的招投标比选后，正式委托我院编制《十堰市城市风貌与特色规划》，规划研究范围分为两个层次：市辖区拓展范围1 190km²；城市建设范围688km²。

本次风貌特色规划对接城市总体规划内容，通

过宏观的发展策略、中观的系统导则、微观的重点地区的城市设计及地块图则三层次内容，完善城市总体规划在城市风貌特色考虑上的不足，同时对总体城市规划下一层面的控制性详细规划及具体地段的修建性详细规划在景观塑造方面进行了明确指引。

1. 规划要点

（1）分层级系统构建城市整体风貌

宏观市域层面构筑"青山环城，绿水绕城，森林漫城"的城市意向；宏观市区层面构筑"聚拥山水情怀的生态之城，地域文化荟萃的文化之城，彰显城市精神的汽车之城"的城市发展目标，并围绕城市关键要素"山、水、林、文、城"五方面提出发展策略；中观层面从各个系统导则：城市色彩、特色分区、城市街道系统、夜景灯光系统、绿化系统研究控制城市要素。微观层面结合城市未来发展重点，分别对重要山体、道路、水系、公共空间、地段进行设计与指引，并针对城市近期重点发展项目，借鉴控制性详细规划图则做法，引入设计导则，与城市管理有效结合。

①总体策略

本次风貌规划继承"山、水、林、文、城"的自然人文遗产，以山为依衬，以水为脉络，以绿色为基底，以文化为内涵，以道路为骨架，构建五大发展策略。

②重点引导

在五大发展策略的指导下，对城市中重要的山体、地段、道路、水系与节点进行重点指引。实现"一山一景、一中心一特色、一路一树、一水一主题、一节点一文化"的城市风貌特色体系。

③系统指引

本次规划对城市色彩、建筑风貌、街道设施、夜景灯光、城市绿化进行系统指引。根据十堰市自身的自然景观与城市文化特色明确各个系统的设计原则和策略，凸显十堰城市特色。

（2）面向实施的规划编制

本次规划考虑与规划实施相结合，充分结合已编制和正在编制的相关规划，让此次规划能够有效融入现行规划体系。规划成果上将本规划说明书及图纸中所规定的设计原则、内容等控制要素作为总体规划文本的补充，共同成为审批下一层次规划及设计的依据。本着动态规划与逐步实施的原则，对城市近期重要的开发建设项目提出了相应的规划实施建议和引导措施，运用规划引导图则，并与控制性详细规划相结合，使该规划能够在近期的城市建设中发挥积极作用。

2. 编制规划的后续总结与思考

回顾本次规划编制，在项目面向实施管理主要出现的

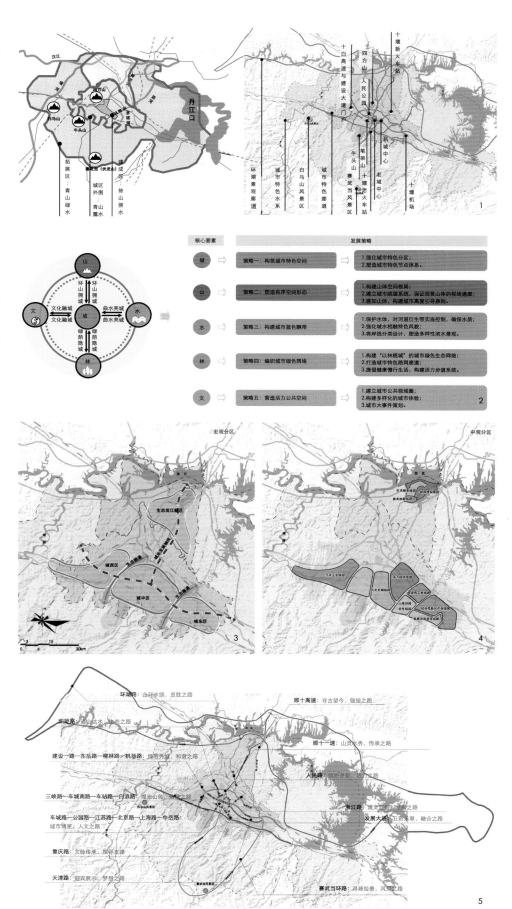

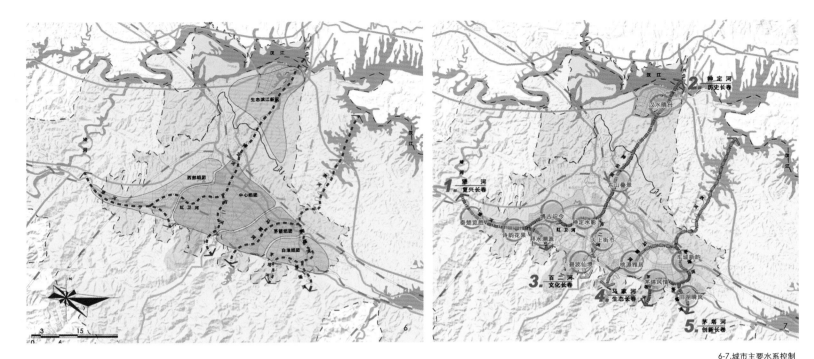

6-7.城市主要水系控制
8.山体保护分级
9.现状改造示意
10.主要断面水系指引

问题包括以下两方面。

（1）城市风貌特色规划语言难以和规划管理语言之间实现有效转译。

地方管理部门习惯于指令式、规范式的规划管理语言，但是城市风貌特色规划中更多的是艺术化的设计语言。为了更好地配合地方管理部门依据本次规划进行城市建设管理，项目组不断与地方规划管理部门沟通，不断衔接和吸纳正在编制的其他相关规划项目，并配合地方规划管理部门一起拟定开发项目的设计条件和调整意见。

（2）缺乏法律效力阻碍总体城市设计的有效实施

城市风貌特色规划是非法定规划，尽管地方政府对风貌规划非常重视，实施的决心也很大，但是由于缺少相应的法律规范，当面对多方利益相冲突的时候，往往会让步于政府、开发商和地方企业的利益。

三、构建面向实施的城市风貌特色规划

1. 与各层次法定规划相融合的总体城市设计成果编制

风貌特色规划需要和法定规划内容相融合才能够真正具有可操作性，这就要求风貌规划各层次的规划设计内容与法定规划层次一一对应，才能够有效防止风貌规划编制成果在向法定规划成果的转化中产生偏差，从而保证规划真正贯彻城市规划体系。

（1）宏观层面——和城市总体规划相结合

在宏观层面上，城市风貌特色规划需要研究确定城市空间的总体形态，提出改善城市景观形象和空间环境质量的总体目标，构建富有特色的城市空间形态格局与人文活动场所的总体框架。此外，风貌规划还可通过城市公共政策的形式对城市整体的风貌特色进行引导，和城市总体规划一起指导城市的建设与发展。风貌规划中基于某种要素而制定的专项城市设计也可以通过城市设计导则的形式转为城市公共政策，如城市色彩控制、城市植物配置、城市标识系统等。

（2）中观层面——和控制性详细规划的结合

在中观层面，需要将城市风貌特色规划的相关内容分解并转译到各个分区和地段的控制性详细规划的相关内容中，借助控制性详细规划以及具有同等效力的法定图则发挥作用。城市设计导则的内容应参考控制性详细规划的单元地块划分，对重要的城市建成区进行城市设计导则覆盖，对重点地块、一般地块、已批待建地块进行分类设计引导，将上述设计内容通过规划语言在图纸上表达，配合控制性详细规划图则的编制和实施。

（3）微观层面——和具体项目审批的结合

对于具体地块开发管理，需结合城市风貌特色规划和控制性详细规划提供项目开发的规划设计条件。对城市风貌特色规划的相关内容转译为规划设计条件时，需要通过各种控制语汇对城市设计内容进行解释说明。城市风貌特色规划的编制单位可协助规划管理部门针对具体开发项目提出符合城市风貌特色规划和控制性详细规划要求的规划设计条件，开发单位依照该规划条件进行开发建设。

2. 城市风貌特色规划有效实施的保障机制

为了保证城市风貌特色规划有效实施，主要从以下三方面提供保障机制进行探讨。

（1）规划管理的一体化

将城市风貌特色规划成果纳入数字规划管理信息系统，可以按照法定层面和技术指导层面两个层面进行管理。总体规划、分区规划及控制性详细规划的法定文件（包括城市设计与法定规划整合后的规划）纳入法定层，其他的控制要求、技术图纸作为指导城市建设的有效手段，纳入技术指导层面，与法定规划共同作为规划编制、管理与审批的技术支持。

（2）编制技术机构的跟踪维护

风貌规划项目的编制技术机构与规划管理部门形成长期密切的合作，风貌规划技术机构跟踪、推进、反馈和修正城市风貌特色规划的实施，协助规划管理部门对具体项目的审批提供规划设计条件，实现城市风貌特色规划的技术与管理一体化。

（3）加强城市风貌特色规划的法规制度建设

加强城市风貌特色规划法规与制度方面的研究，为城市风貌特色规划提供有效法律保障。将影响城市结构、宏观格局、人文特色等重要要素的控制内容，以及城市重要地段的某些控制要素，融入地方城市规划技术管理的相关规定中，将城市风貌特色规划

的控制内容以城市建设规范的形式表达出来，对建设环境起到控制作用。

四、结语

本文从风貌规划与法定规划的关系入手，希望能够为风貌规划可操作性的研究提供一种新的思路，探寻风貌规划在城市建设中发挥效用的作用机制，以期搭建一个面向规划实施的城市风貌规划研究框架，为同类型的规划项目提供有益的参考。

注释

[1] 引自城市风貌规划的技术解读与思考——以黑河市为例，李明、朱子瑜，城市规划和科学发展——2009中国城市规划年会论文集。

参考文献

[1] 王春香. 关于加强城市风貌规划的思考，黑龙江科技信息，2009，13.

[2] 疏良仁，肖建飞，郭建强. 城市风貌规划编制内容与方法的探索：以杭州市余杭区临平城区风貌规划为例，城市发展研究，2008，2，Vol.5.

[3] 李明，朱子瑜. 城市风貌规划的技术解读与思考：以黑河市为例，城市规划和科学发展：2009中国城市规划年会论文集，2009.

[4] 尹潘. 城市风貌规划方法及研究，同济大学出版社，2011，12.

[5] 俞孔坚，奚雪松，王思思. 基于生态基础设施的城市风貌规划：以山东省威海市为例，城市规划，2008，3.

[6] 凯文·林奇. 城市形态，华夏出版社，2001.

[7] 郑正，王颖，阎树鑫. 温州中心城区整体城市设计. 城市规划汇刊，2001，Vol.5.

[8] 王建国，阳建强，杨俊宴. 总体城市设计的途径与方法：无锡案例的探索. 城市规划，2011，Vol.5.

[9] 耿宏兵. 传承与创新：澳门城市设计总策略概述. 城市建筑，2001，Vol.2.

[10] 刘喆. 城市风貌特色构成体系及要素研究，城市建设理论研究，2011，16.

[11] 段德罡. 我国现行规划体系下的总体城市设计研究，西安建筑科技大学硕士学位论文，2002.12.

[12] 柳海龙. 区域视角下城市总体层面景观规划设计生态途径研究：以宝鸡城市景观建设为例，西安建筑科技大学硕士论文，2002.6.

[13] 扈万泰，郭恩章. 关注城市整体塑造特色环境：唐山市总体城市设计实践回顾. 新建筑，2004，Vol.5.

作者简介

管 娟，上海同济城市规划设计研究院，硕士，中级，副主任规划师。

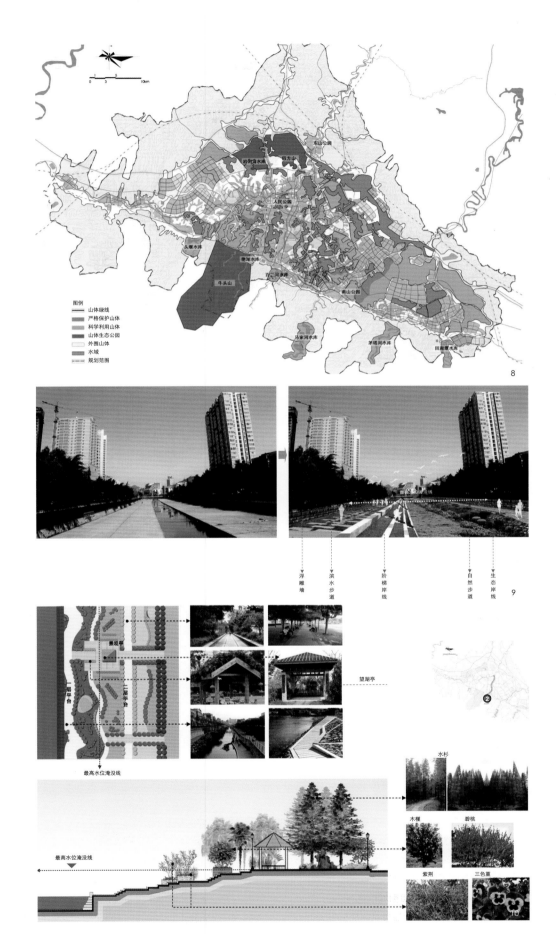

理想空间
IDEAL SPACE

以特色求转型
——七台河城市风貌规划实践

Characteristics to Get Transformation
—Practice of Qitaihe City Landscape Planning

程大鸣
Cheng Daming

[摘　要]　结合七台河城市风貌规划实践，介绍了规划思路和方法：以城市设计方式对城市景观风貌进行分区分类、整体重点的控制、引导；抓住地方生态、人文和产业特点打造城市特色；结合城市开发建设策划更有目的地进行特色主题规划；以特色风貌辅助七台河城市转型。

[关键词]　七台河；风貌规划；特色规划

[Abstract]　Combined with practice of Qitaihe city landscape planning, this paper introduces the planning ideas and methods in an urban design way for city landscape style partition classification, the control and guide of the whole and the focus; Seizing the local ecology, humanity, and the characteristics of the industry to make city features; Combining with urban construction schemes to make characteristic theme planning; Assisting by characteristic features to promote city transformation.

[Keywords]　Qitaihe City; Landscape Planning; Feature Planning

[文章编号]　2015-66-P-040

1.七台河市现状城市风貌
2.规划技术路线
3.七台河景观风貌分区及主要要素控制引导总图

一、七台河城市背景

七台河是一个传统的煤炭资源型城市，依托煤炭产业城市逐渐发展，但也伴随着资源的逐步枯竭而直面转型，七台河风貌规划在转型为目标的城市总体规划背景下同步提出，试图从整体层面配合城市大转型带来风貌革新和新的气息。

过去的工矿发展在造就七台河的同时，也为城市带来了大量的负面影响，直接表露出来的就是环境的埋汰。煤炭粉尘污染给城市蒙上了黑灰，洗矿及化工水污染使倭肯河畔消失了欢笑声。七台河城市转型需要有崭新的整体形象来改变以往落后的煤城印象。特色风貌也是城市的核心竞争力，城市风貌规划应运而生。

二、七台河城市风貌规划思路、定位和目标

七台河坐落绿水青丘之间，城市沿桃山水库和倭肯河延展，城区内还有多处丘体公园和水系，现状具备良好的山水基础。总体规划确立了城市今后环湖发展的整体格局，美丽的滨水环境将成为七台河展现

自身魅力的新平台。煤炭和工矿文化培养出了七台河人艰苦奋斗的气质，塑造了七台河坚毅拼搏的精神文化，也造就其名扬海外的冰上运动金牌奇迹。而夕阳下的煤炭产业也将成为城市的记忆和工业遗产素材。这些为其风貌特色规划奠定了良好的基础。

在此基础上七台河城市风貌规划的思路确定为：完善自然生态渗透，实现山水生态与城市共生；促进产业经济发展，实现产业经济与城市共荣；体现都市生活活力，实现休闲生活与环境共乐；延续人文历史精神，实现地域人文与环境共雅。未来七台河市的城市景观风貌建设的重点则在于充分利用并依托其大山水生态背景下各具特色的组团式城市布局模式，建设成为"宜居"、"宜业"、"宜游"的山水园林城市。

三、七台河城市风貌规划架构

1. 城市景观风貌的控制导引

项目根据城市景观风貌的总体结构来控制城市空间系统，整合城市空间景观要素，划分风貌区域，组织城市景观节点空间，贯通城市开放空间，梳理景

观视廊，控制建筑高度及用地强度，塑造地标性建构筑物，形成富有变化的天际轮廓线，优化城市整体景观风貌体系。

整体景观风貌架构分五步走。

第一步，根据用地布局对各组团进行风貌分区，确定组团风貌特点；

第二步，以城市中某些功能区域形成空间节点，如滨湖文化景观空间节点、中心商务景观空间节点、城市商业中心景观空间节点、行政景观空间节点、城市山体公园等；

第三步，控制和引导滨河/湖界面、街道界面及节点空间界面，形成商业景观界面、公建景观界面、文化景观界面和自然景观界面等，同时充分利用自然地理条件、空间开合转折与建筑形态变化，形成或连续、或节奏、或封闭、或开放、或生态的界面形态；

第四步，在城市空间系统中点缀标志性景观建、构筑物，以节点空间、视线通道等确定景观标志物（景观性建筑和地标性构筑物），从而形成门户、对景、制高点等景观效果；

第五步，打通景观视廊，开辟开放绿化景观带，贯通城市外围生态绿化与城市内部山水环境，从

而有效地将功能节点空间、开敞空间、景观标志等有机融合起来，以实现通、达、畅的视景视野，最终形成多样化、具有空间层次感的景观风貌。

2. 七台河城市景观风貌结构

结合七台河总体规划的组团式的城市布局结构，风貌规划意图构筑区域功能识别性，展现各具特色的组团风貌。整体形成"一心、三带、多点、组团式"的景观风貌总体结构。

3. 城市景观风貌的控制层次

七台河景观风貌规划采取了"分区＋分要素控制"的控制层次。

（1）景观风貌分区控制

规划基于"整体控制＋重点引导"的城市设计工作方法，对中心城区进行景观风貌的分区控制，针对每个风貌分区，依据总规确定的功能定位与用地布局，分别从建筑色彩与风格、强度与高度、街道设施设计等方面进行控制，充分尊重城市各功能片区的格局特征，分析城市空间发展趋势，通过恰当的结构组织形式，将各片区有机整合到城市空间发展整体框架中，做到既保持各分区内在的连续性、统一性，又能体现跳跃性、特色型；在保证城市各功能分区的建筑风格的控制性、总体空间的和谐性和单体建筑的特色性的同时，确保城市整体风貌和城市特色形象的凸显。

（2）景观风貌分要素控制

规划将七台河市的城市景观风貌要素区分为自然山体、自然水体、开敞空间、景观标志物、景观通道、界面六类，对各个风貌分要素进行整体控制和重点引导，从而建立系统完善、主次分明、疏密有致、结构清晰的城市景观风貌系统，强化七台河的景观风貌特征。

四、七台河城市特色规划

1. 七台河特色强化策略

项目从三方面总结了七台河的城市特色。

①七台河的整体特征：环山、滨湖、滨河城市，煤炭工业城市；

②与北方其他城市相比，七台河的个体特征：滨湖、煤炭资源、冰上运动文化；

③七台河自身具有的主导特征：环山、滨湖，煤炭工业。

由此得出，七台河的城市特色主要由滨湖城市及煤炭工业城市（或资源型城市）两方面来展现。因

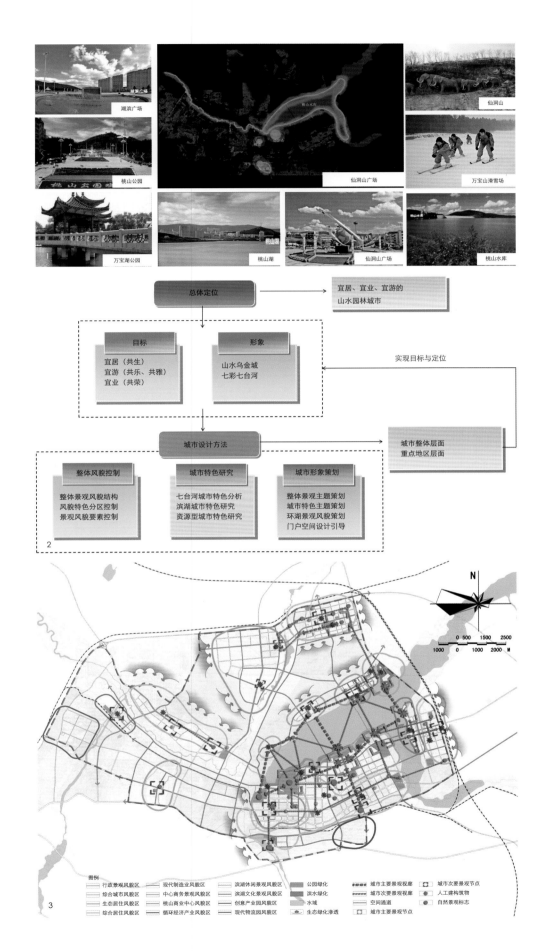

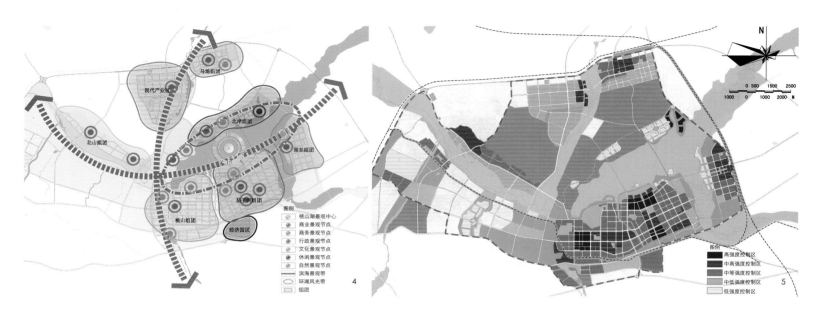

4

5

4.七台河市风貌规划结构　　　　　　　　8.分区地块建设高度控制关系引导图
5.强度开发引导图　　　　　　　　　　　9.七台河城市开敞空间控制图
6.高度控制引导图　　　　　　　　　　　10.七台河城市及周边山体控制图
7.七台河城市水体泊岸引导图　　　　　　11.七台河城市空间界面引导图

表1　　　　　　　　　　　　　　　七台河市典型街道空间尺度控制

道路类型	D/H	典型道路	空间示意
主干道（40~60m）	D/H=1~3；道路红线宽度40~60m，街道两侧一般建筑限高60m，公共建筑或地标建筑可适当增加高度至80m	学府街、大同街、山湖路等	
次干道（24~36m）	D/H=1~2；道路红线宽度24~36m，街道两侧一般建筑限高36m，公共建筑可适当增加高度至40m	东进街、景丰路、同仁路等	
支路（20~24m）	D/H＞2；道路红线宽度20~24m，街道两侧一般建筑限高24m，公共建筑可适当增加高度至30m	旭日街、光明街、朝阳路、风采路、奋斗路、同德路、佳境街、宝安街等	

表2　　　　　　　　　　　七台河"碧水"主题特色控制引导

特色主题	目标定位	风貌要求
碧水	宜居	建造滨水景观住宅，通过高度、面宽与朝向控制，保证建筑拥有良好的观湖视线；建筑造型与自然环境协调统一
	宜业	打造特色水街，通过水体两侧的低层建筑维持宜人的尺度；建造亲水平台，允许小型游船等水上娱乐活动，维系水面与地面的活力联动
	宜游	建造湿地公园，提供多样化、立体化的滨水岸线；保证良好的滨湖界面；考虑水体景观的季相变化

此，通过对国内外滨湖城市及资源型城市特色进行研究，在秉承和沿袭城市文脉的基础上，七台河风貌规划采取了强化城市特色的策略，力图将城市物质性的内容和精神层面的内容统一展现出来。

具体的策略包括以下六点。

①注重生态滨水景观的可持续发展，保护和恢复滨水生态系统；

②人文景观与自然景观紧密联系，造就滨湖景观的多样化特征；通过将城市的生活引向水边，塑造市民活动的舞台，体现城市的特色，增强城市的可识别性以及市民对城市的认同感；

③强化滨湖线性、系统化的绿色空间及与城市生活节点的融合，强调生态空间的人性化使用功能；

④旧工业建筑的LOFT开发。通过功能置换对旧建筑进行再利用，发展创意文化产业，使旧工业建筑获得新生，在保护和延续城市文脉的同时，带动区域复兴、增添城市生活乐趣，丰富和活跃城市文化景观；

⑤城市开放空间的补充。七台河煤田沉陷区的治理，考虑开放空间的构建，例如对治理后的土地用于公园建设、户外拓展、野营基地等休闲娱乐方面，在恢复城市生态系统的同时为人们提供更多的户外活动机会；保留利用矿井、铁路、烟囱、堆料场等典型工业景观，通过新建筑的风格呼应或工业元素的再次使用达到塑造场所精神的目的；

6

图例
■ 建筑高度控制一区（80～100m）
建筑高度控制二区（60～80m）
建筑高度控制三区（24～60m）
建筑高度控制四区（12～24m）
建筑高度控制五区（≤12m）

7

水城融合段

水城融合段

8

图例
■ 一级高度控制区   茄子河区
■ 二级高度控制区   桃山区
■ 三级高度控制区   安置居住区
四级高度控制区   金沙东区
现代制造业区   创意产业园区
高端、生态居住区   物流园区

9

五台山   侵袭河湿地
马鞍山   桃山水库   湖东公园
北山公园   马鞍山公园
新七台河   大茄子河湿地
人民公园
万宝湖儿童公园
大顶山
万宝湖
大架山   前山

图例
■ 城市级开敞空间
■ 组团级开敞空间
街坊级开敞空间
郊野公园
湿地
风景林地
生产绿地

10

图例
生态山体
风景山体
公园山体

11

图例
开放空间界面
自然空间界面
建筑连续界面
建筑节奏界面
商业景观界面
公建景观界面
文化景观界面
自然景观界面

表3
七台河"乌金"主题特色控制引导

特色主题	目标定位	风貌要求
乌金	宜业	充分利用废弃的工业厂房，经适度的改造后赋予新兴产业功能，营造现代、高效的城市风貌，树立资源节约型的城市形象
	宜游	通过对保留工业遗迹的适当修整，保持其原有的工业时代韵味，展现浓厚的煤炭产业历史文化
	宜游	发展现代工业旅游，遵循新兴工业文化个性，营造生机无限、具时代气息的现代企业环境，体现城市特有的工业文化魅力

表4
七台河"赤瓦"主题特色控制引导

特色主题	目标定位	风貌要求
赤瓦	宜居	以红色的坡屋顶作为居住区的标志性风貌，与天然的绿色环境、冬季的雪国风光形成对比，营造"绿树红屋、白雪赤城"的别致景象
	宜业	将鲜艳的红色作为公共建筑的点缀色，营造活力、时尚的城市风貌，形成具有明显识别性的商业娱乐区域，吸引消费人群的到来

表5
七台河特色项目策划

用地	功能	项目	特色
C1	行政、办公	行政中心	赤瓦
C2	观光、餐饮	特色餐饮街、美食城	橙市
C2	游览、观光、购物、餐饮、娱乐、休闲	特色滨水商业步行街	碧水、橙市
C2	酒店、旅馆	特色酒店	橙市
C2	商务、金融、办公	商务办公中心	橙市
C2	旅游、度假、观光、垂钓、休闲	休闲度假村	青山、碧水
C2C3	文化、艺术、创意产业	创意文化园、文化街	乌金
C2C3	商业、办公、娱乐	商办综合体	橙市
C3	文化、娱乐、休闲	特色文化休闲中心	金牌、橙市
C3	剧院、影院	影剧院	橙市
C3	产业服务、办公、会议、展览	会展中心	乌金、橙市
C3	文化、博览、城市历史展示	特色文化展览中心	乌金、金牌
C4	体育	体育中心	金牌
R1	高档居住	高档居住区	赤瓦
R2	居住	特色居住区	青山、赤瓦
RC	酒店、商业	酒店式公寓	橙市、赤瓦
G1	游憩、观光、休闲、垂钓	滨水湿地公园	碧水
G1	游憩、观光、休闲、娱乐、垂钓、水上活动	主题公园	碧水、绿都、金牌
G1	休闲、娱乐、水上活动	小型游船码头	碧水
G1	游憩、观光、休闲、乘凉	特色休闲步道	碧水
G1	旅游、景观、文化展示	企业创意公园	乌金、绿都
S2	游憩、文化艺术表演、活动场地	滨水广场	金牌
……	……	……	……

⑥文化旅游的优势互补。七台河良好的工业基础是发展工业旅游的有利条件。一方面，可以通过开放部分企业的生产车间、生产线和厂区，让人们感受工业生产过程的真实风貌，另一方面，还能充分利用废弃厂址、居住区、工业设备等建造工业展览馆、博物馆、影视基地等，开展旅游活动，塑造城市地标，增强游览的娱乐性和参与性，把七台河的工业资源转化成旅游产品，从而推动工业文化、旅游经济和城市风貌特色的全面发展。

2. 七台河景观特色策划

（1）城市品牌形象策划——山水乌金城 七彩七台河

通过对城市主题特色的研究，规划提出了"七彩七台河"的建议品牌形象，即"青山、碧水、乌金、赤瓦、金牌、橙市、绿都"。

青山碧水路迢迢，绿林红花草茵茵；

待到飞雪掩赤城，万里银装裹乌金；

昔时寂寥工矿易，今朝繁华都市兴；

喜看滨湖新天地，又闻健儿勇夺名。

在此基础上，根据城市各要素特色的不同，对规划区内不同色彩所代表的风貌元素进行系统的规划。

青——和谐、永恒、自然原生，象征生态山林景色；

碧——秀美、灵动、清新澄澈，象征天然河湖风光；

绿——青春、希望、勃勃生机，象征城市绿化；

赤——传统、魅力、精致典雅，象征特色风貌住区；

橙——热烈、欢快、富足幸福，象征人气与财富；

乌——浓郁、沉炼、乌金记忆，象征煤炭文化、工业文化；

金——声誉、荣耀、金牌人生，象征体育文化。

（2）城市特色主题策划

具体内容见表2～表5。

3. 重点地区与典型空间的设计引导

规划确定了多种典型空间进行了风貌的分类设计引导。

以滨湖特色商业区为例，主导功能是发展特色文化商业、创意产业。规划目标是增强滨湖空间标识性、建造特色滨湖界面的重要区域，结合该片区宜游、宜业的规划定位，给出了具体的项目策划：滨湖体育馆、七台河城市文化展览馆、特色风情水街、创意店铺一条街；并设定了规划总体意象：城市独特魅力展示区、高层建筑低密度布局（表6）。

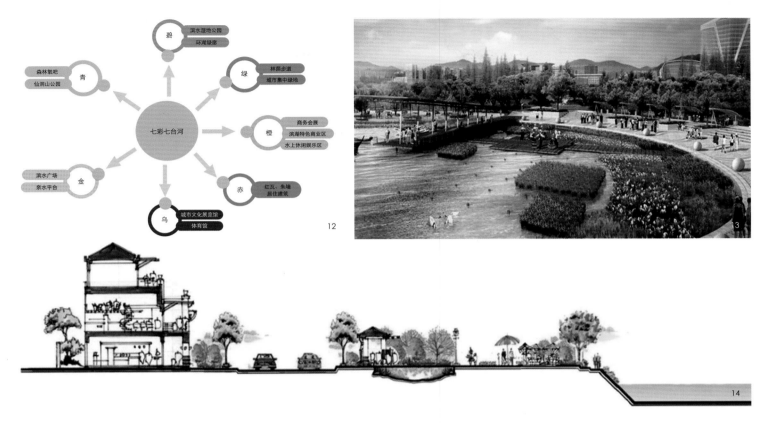

12.七台河特色主题

13-14.七台河城市水体泊岸引导图

表6		滨湖特色商业区	
	设计元素	设计要求	设计示意
建筑	建筑体量	高层、小高层建筑为主	
	建筑风格	现代风格为主。部分建筑可采用新颖、前卫的造型，体现充满活力、多姿多彩的现代文化	
	建筑色彩	可使用多样的色彩	
标志物	滨湖体育馆、七台河城市文化展览馆	城市文化活力的展现	
开放空间	街道	特色水街的界面应有节奏地在连续与开敞之间变化，保证与湖面的视线联系，给人饶有趣味的游街感受	
	广场	通过滨水广场与绿化开敞空间，打通火车站与湖面之间的视线通廊	
	绿地	滨水绿化与滨湖绿化结合布置，形成完整的步行体系	

五、结语

　　新型城镇化发展之路要求改变千城一面的城市景观，彰显地方文化内涵的城市环境氛围建设。七台河的城市转型，需要从一开始就形成城市景观风貌与特色系统，提供总体发展思路与框架。

作者简介

程大鸣，上海同济城市规划设计研究院城市开发规划分院副总工程师，高级工程师。

项目负责人：夏南凯

技术负责人：张海兰

主要参编人员：田光华 程大鸣 林善浪 丁宁 付青 郭雁 杨航

生态为基、文化为魂、特色为核
——新乡市城市景观风貌专项规划

Ecological as the Foundation, Culture as the Soul, Characteristics as the Core
—Landscape Planning of Xinxiang City

刘 军 吴靖梅
Liu Jun Wu Jingmei

[摘　要]　新乡市城市景观风貌规划树立"生态为基、文化为魂、特色为核"的规划理念，一方面通过自然格局梳理和历史文脉挖掘，彰显城市个性特色，从而创建易识别、易感知的景观风貌，另一方面，通过城市整体风貌架构、重要节点塑造，以及城市天际轮廓、开放空间、色彩照明等控制，为城市营造出优美的视觉空间形象，"量体裁衣"地定制具有地域属性、富有特色的新乡城市景观风貌。

[关键词]　景观风貌规划；生态；文化；特色；新乡市

[Abstract]　The concept of Xinxiang city's landscape planning is "ecological as the foundation, culture as the soul, characteristics as the core". On the one hand, through excavating the history, strengthening the differences, highlighting the characteristics of the city, the planning is creating an easy recognition of the landscape style. On the other hand, through structuring feature of the whole city, shaping the important nodes, controlling the city's skyline, open space, color and Lighting, the planning is creating a visual image of the beautiful space. XinXiang city's landscape planning is with the regional attribute and have a lot of characteristics.

[Keywords]　Landscape Planning; Ecological; Culture; Characteristics; Xinxiang City

[文章编号]　2015-66-P-046

城市景观是城市自然环境与人造环境的外在表现，而城市风貌则侧重于城市文化内涵，城市景观风貌代表着城市的形象、精神和气质。随着全球化与快速城市化对我国城市建设产生的重大影响，城市形象展示越来越受到重视，塑造城市景观风貌成为当今城市参与全球竞争的一项重要策略。

一、立题

新乡市地处中原腹地，紧邻河南省会郑州。近年来，新乡市城市建设步伐加快，城市建设框架基本拉开，未来10年将是新乡城市风貌集中形成期。然而，快速城市化背后凸显出地方特色与文化特征正逐渐弱化，城市的风貌特色正逐步丧失：传统文化被现代化建设淹没、景观资源呈现盆景化趋势、高层建筑分布散乱、城市天际线缺乏变化、建筑色彩五颜六色、夜景照明过于花哨等等，这已成为新乡城市发展过程中一个亟待解决的问题。为此新乡提出树立建设"百年建筑，千年城市"的城市发展理念，以景观风貌为抓手，在现代化城市建设中传承地域文化，塑造良好的城市形象。

二、破题

新乡市城市景观风貌规划覆盖140km²中心城区，范围内现状资源条件和建设状况差异较大。如何从纷繁复杂的现状中理出头绪？如何塑造富有个性的城市空间形象？值得思考与探究。规划一方面加强现状资源的调查与评价，对自然山水格局、历史文化资源、现代城市建设以及市民民意进行了调查分析和量化评价（表1），明确公众心目中的城市基本景观意象，从而提炼出最具新乡特色的景观风貌资源。另一方面加强城市文化内涵的挖掘，从发展的角度科学确定了新乡城市景观风貌总体定位："山河拱卫、现代绿城"，既体现了新乡历史与自然特征，又展现了现代化的城市风貌。为了充分彰显这一定位，规划确立了"生态为基、文化为魂、特色为核"的规划理念，着力构建高品质的城市空间，传承发展古牧野[1]的地域文化，塑造最具新乡特色的景观风貌。

表1　景观风貌资源评价因子

评估因子	指标释义	权重	等级分值		
			1级	2级	3级
城市历史演进	在城市演进中的要素禀赋性	1	5	3	1
自然山水格局	对城市自然环境影响的重要程度	2	5	3	1
历史文化资源	现状资源所呈现出的历史文化价值	2	5	3	1
现代城市建设	现状资源对城市建设的意义	4	5	3	1
市民问卷调查	现状资源在市民百姓中的重要性	1	5	3	1

三、解题

规划以建设"美丽新乡"为目标，以提高人居环境质量为中心，按照以人为本、因地制宜、重点突出、统筹兼顾的原则，将历史文化保护与现代化城市

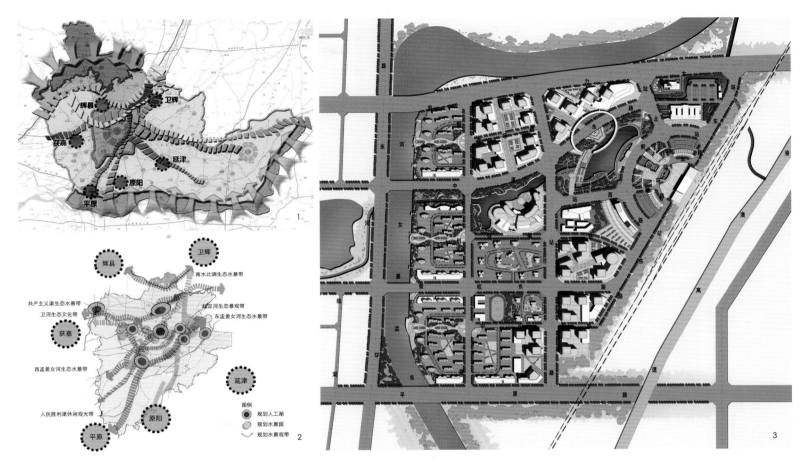

1.新乡市域生态安全格局
2.新乡市域水系景观格局
3.高铁站周边地区景观风貌设计平面

建设、景观风貌特征打造与完善城市功能结合起来，通过自然山水的整合，以及对开放空间、景观视廊、城市色彩和建筑要素等的控制，加强城市特色空间的构架，彰显地方特色和文化内涵，为城市营造出优美的视觉空间效果。

1. 生态为基——在快速发展中保持自然生态的基质

新乡市独特的区域自然地理格局是不可复制的城市特色资源，规划中应当突出生态优先的理念，在宏观层面强化结构性绿地的保护和特色塑造；在中观层面加强绿地开敞空间与城市公共活动的互动；在微观层面，对重要公园、河道等开敞节点提出控制引导要求。

（1）市域生态格局构建

规划通过市域生态敏感性分析，构建了"七带、四区、两屏障"的生态安全格局，通过七条生态廊道加强与周边县市的联系。依托区内水绿资源，形成"一心、两环、两带、九射、十二连"的市域绿道网，以及"一网、七带、八湖、九园"的水系景观格局，促进人与自然和谐发展。

（2）市区开敞空间优化

新乡市区形成"一面望山、七水穿城"的山水格局，水系构成了不同于其他北方平原城市的空间格局，规划通过对滨水带状开敞空间的控制、引导，展现了新乡城市滨水景观特色。在大型绿地开敞空间优化方面，规划通过RS和GIS的城市热岛效应分析，在重要热点区域增加绿地、引入楔形通道，缓解城市中心热岛效应。通过绿地服务半径划定分析，在城市东、东南及北部地区增加公园绿地，提高服务功能覆盖区域。

（3）公园与河道驳岸控制

规划重点建设牧野湖、卫源湖、凤泉湖、贾太湖和东湖等公园，为市民提供高品质的绿化开放空间。以牧野湖公园为例，它是卫河文化景观带的重要节点，规划将其作为展示牧野文化的空间载体，结合规划用地性质和空间意向，对河道滨水驳岸类型进行分段引导，合理划分自然生态驳岸、人工硬质驳岸及混合驳岸，并设计主要步行和车行线路，打造成极具吸引力和活力的开放空间。

2. 文化为魂——在现代化城市建设中传承地域文化

规划在充分研究新乡历史沿革、梳理城市文脉基础上，重点突出历史文化与现代文化两大特色。按照"找出来"、"保下来"、"亮出来"、"用起来"、"串起来"的思路，对新乡历史文化要素进行系统梳理，通过织补、延续等方法加强历史文化的保护与传承。同时在现代城市建设中，强化现代文化的彰显，结合历史地段、公共空间等物质空间载体将各类文化资源进行有机串联，形成具有地域特色的文化网络。

（1）城市文脉挖掘

新乡因卫河、铁路而生。通过对新乡历史的研读，规划将新乡城市脉络划分为"依城发展、跨城发展、蔓延发展和跨越发展"四个特征鲜明的历史阶段，并总结归纳出各个阶段城市空间形态的特色要素

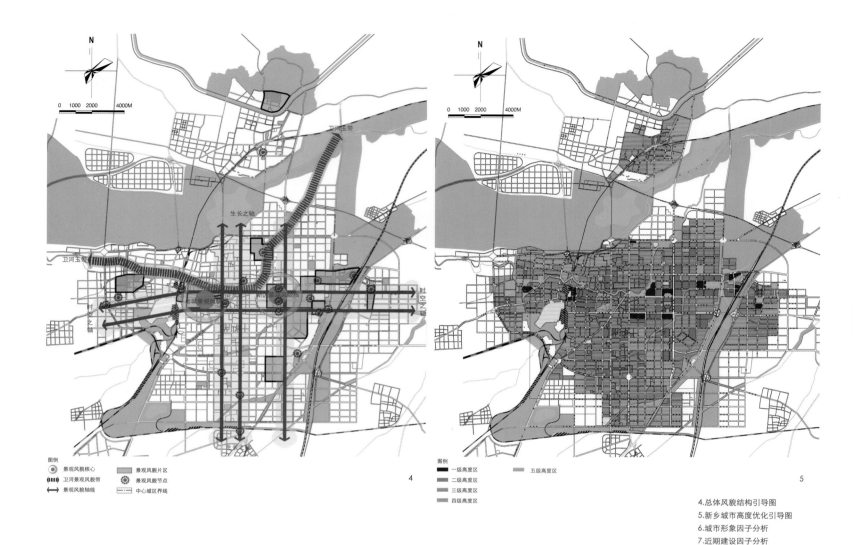

4.总体风貌结构引导图
5.新乡城市高度优化引导图
6.城市形象因子分析
7.近期建设因子分析
8.新乡城市高度立体示意图
9.景观风貌规划控制图

（表2）。通过对城市文脉的深度挖掘，可以发现新乡现代文化与历史文化并重，卫河和铁路在城市发展历程中扮演了重要的角色。因此规划新乡城市景观体系架构中，着重加强了卫河、京广铁路、石武高铁沿线以及新乡火车站、新乡东站等重点地段的景观塑造，并与城市功能有机结合，形成了新乡独特的城市景观。

（2）历史文化传承

几千年的历史为新乡留下了极为丰富的历史文化资源，据统计规划范围内市级及以上文物保护单位约120处，包括了古建筑、石窟寺及石刻、传统民居、工业遗产等，此外还有大量的非物质文化遗产。规划通过整体保护、改善环境、提升价值等手段加强历史文化资源的保护与利用，结合历史地段、公共空间、城市出入口等物质空间展示非物质文化遗产。如北关街历史风貌区，不仅具有较完整的明清风貌，而

表2　城市空间形态分阶段特色要素

	依城发展	跨城发展	蔓延发展	跨越发展
影响城市格局主线	卫河、城墙	铁路、卫河、城墙	卫河、铁路城市框架（道路）	卫河、铁路（高铁）、城市框架（道路）、新区建设
城市路径	东大街、南大街、北大街、西大街、北关街	东西南北大街石榴园姜庄街、中山大街、解放路、胜利路	平原路、和平大道	平原路、和平大道、金穗大道、新飞大道
城市边界	城墙、护城河、卫河	城墙、护城河、卫河、铁路	东西南北干道、铁路	外环路
城市区域	城墙建成区、卫河沿线北关商贸区	城墙建成区、火车站城市新区	铁西、卫北工业区、卫南主城区、北站区	铁西路、旧城区、新城区和凤泉区
城市节点	城隍庙区域、县治区域	市政府区域、火车站商贸区、路王墓站	平原省省政府、平原路商贸区、人民公园、北站区等	公园广场、门户节点、平原路商贸区
城市标志	兴国寺、东岳庙、文庙、关帝庙、华藏寺	火车站、图书馆	火车站、工人文化宫、百货大楼、平原商场等	火车站、市体育中心、新乡市政府、胖东来百货等

且保留有七世同居坊、文庙等众多文物古迹。规划将北关街作为重要的历史文化展示载体与相邻的卫河联动发展，保持传统街坊空间肌理，延续传统建筑风格，引入文化休闲等功能，创造富有新乡传统历史文化特色的居住生活休闲片区。

（3）现代文化展示

国务院办公厅关于批准新乡市城市总体规划的通知中指出："把新乡市建设成为经济繁荣、社会和谐、生态良好、特色鲜明的现代化城市"。为了充分展示新乡现代城市文化，规划划定了6片现代特色风貌片区：中央商务区、行政中心区、高铁广场区、体育会展区、新东区核心区和高新技术区，多类型多维度凸显新乡现代城市景观风貌。如高铁广场区，规划通过传承铁路文化脉络，打造"新乡东大门城市窗口形象展示区、现代建筑与水绿环境交融景观地"，积极引导未来该地区的现代化建设。

3. 特色为核——在千城一面背景下塑造新乡的特色

景观风貌规划的核心是提升城市空间品质，塑造城市空间特色。规划围绕"特"字做文章，抓住新乡标志性特色资源，打造具有代表性的城市空间新亮点；深入挖掘新乡自然特征与地域文化，传承地域特色、彰显文化底蕴；在城市整体格局和局部空间中把握尺度，做到"得体"、"精致"。规划通过"架构"（整体风貌要素架构）、"塑形"（控制高层天际轮廓）、"通脉"（构建景观认知系统）、"着色"（优化城市色彩和照明）、"点睛"（重要节点景观塑造）等手法强化新乡城市特色。

（1）整体风貌要素架构

城市整体构架不仅包括二维平面、三维空间，还包括四维时间和五维知觉形态，这些复杂因素对城市空间的影响可以归结为轴线、核心、条带、片区等基本结构性要素。规划通过对新乡各景观要素的有序整合，以及与相关规划的有机衔接，构建了"两核、一带、三轴、十三片、多点"的总体景观风貌结构，通过赋予各要素一定城市物质空间的内涵和作用，形成了层次分明、内容丰富的城市景观风貌体系。

（2）高度天际轮廓控制

天际线规划是城市三维空间形体表现的重要内容，建筑高度控制是保证和优化城市景观风貌的重要因素，直接影响土地的开发价值和空间视廊，因此必须制订严格要求加以控制。规划利用GIS系统具有的空间分析能力，对影响城市环境的因子进行量化分析与综合评价，筛选对城市的高度具有影响力的各种要素，建立基于空间分析的高度控制模型，并在多因子评价图上，融入城市设计理念，适当进行高度调整和分级，最终形成较为科学和合理的新乡城市高度引导。

（3）城市色彩与照明体系

城市色彩作为城市风貌的重要表象之一，是城市地区特征、民族特性和文化传统最直观的反映，对色彩的调控可以有效地改善城市面貌无序的状态。规划基于新乡现有的城市

10

11

12

13

14

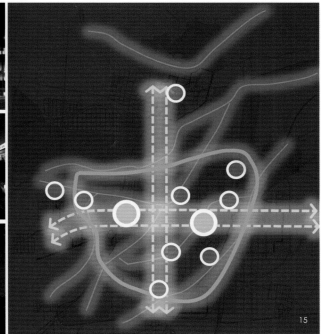

15

10-12.卫河沿线景观设计
13.新乡城市色彩规划结构图
14-15.新乡城市照明总体结构

色彩环境,体现城市特色定位,确定新乡城市色彩的形象主题和色彩基调,制定城市色彩控制标准。夜景环境则是城市风貌的另一面,在夜景照明系统规划中,强调重点突出,强化特色和主题,构成片区、路径、节点的照明系统,对不同风貌区的照度、光色、照明形式进行划分和艺术创造,体现了新乡不同风貌区的夜景特点。

　　(4)卫河沿线景观设计

　　卫河贯穿新乡东西,素有新乡母亲河之称,是新乡最重要的景观资源和活力载体,卫河两岸的景观风貌最能体现新乡城市的特色与风采。规划为了最大限度地展现卫河沿线景观,选取京广铁路至新一路之间的卫河最精华段落进行景观设计,同时增加对卫河沿线腹地空间的引导,强化与城市空间的联系。规划着力将卫河老城段打造成为新乡最具人气的城市开敞公园、最具文脉的历史文化展示窗口、最具活力的城市商业载体、最具特色的现代城市客厅。

四、结语

　　城市景观风貌规划是一项具有前瞻性、现实性和复杂性的系统工程,牵涉到城市的经济、文化、体制等诸多因素,只有切实挖掘地域特色,将城市的自然景观、历史景观和人工景观配合得宜,城市景观风貌才会形成。限于篇幅,本文着重提炼新乡市景观风貌规划的核心思想,从生态、文化、特色三个方面对新乡市景观风貌规划做了介绍,旨在探究城市景观风貌规划的内涵要义与实现路径,同时抛砖引玉,与同行们共探讨。

注释

[1] 古牧野,古代新乡的代称。商朝末年,著名的牧野大战发生在新乡,周武王会八百诸侯,与商军大战于牧野,迫殷纣王等鹿台自焚,自此商亡周兴。

参考文献

[1] 凯文•林奇. 城市意象[M]. 方益萍,何晓军,译. 北京:华夏出版社,2001.

[2] 邬建国. 景观生态学—格局、过程、尺度与等级[M]. 北京:高等教育出版社,2000.

[3] 钱诗曈,孙世界. 基于管控的城市风貌规划引导方法研究:以山东广饶风貌规划为例[J]. 2009中国城市规划年会论文集.

[4] 杨华文,蔡晓丰. 城市风貌的系统构成与规划内容[J]. 城市规划学刊,2006,(02).

[5] 王哲,洪再生,周鲁晓,等. 城市风貌规划的实践与探索[J]. 青岛理工大学学报,2007.1.

作者简介

刘　军,南京大学城市规划设计研究院有限公司总工程师,研究员级高级规划师,注册城市规划师,一级注册建筑师;

吴靖梅,南京市规划设计研究院有限责任公司规划师,注册城市规划师。

在此感谢新乡市规划局的密切配合,也感谢项目组成员的共同努力。

项目负责人:刘军 吴凡

主要参编人员:吴靖梅 张峰 韦薇 王媛媛 张琛 刘龑君等

美丽乡村、优雅竹城
——安吉县城总体城市设计研究

Beautiful Countryside, Elegant Bamboo City
—Research of Overall Urban Design of Anji

修福辉 张咏梅 张震宇
Xiu Fuhui Zhang Yongmei Zhang Zhenyu

[摘　要]　我国正进入快速城镇化的关键时期，在"十八大"将"新型城镇化"确定为国家战略的政策背景下，城镇化的重心由"土地城镇化"向"人的城镇化"转变，以改变快速城镇化导致的城市空间拓展较快、土地用能粗放，城市建设密度较低、人气活力不足，城市地域特征、历史文化特色消失等一系列问题。安吉县城总体城市设计是与总体规划相辅相成的纲领性文件，是指导安吉近期城市规划设计和建设实施的重要"抓手"。通过总体城市设计，建立未来安吉县城人居特色的"总体城市框架"和相应系统的"价值标准"，作为城市发展的长期控制引导手段。本文对其在城乡一体化、城市价值标准、城市功能设计、近期行动规划等方面的创新探索进行梳理研究，为城市的内涵式、高品质的发展提供了有益的规划案例参考。

[关键词]　美丽乡村；优雅竹城；新型城镇化；总体城市设计；安吉；行动规划

[Abstract]　China is entering the key period of rapid urbanization. As the "new urbanization" identified as the national strategic policy in the 18th Chinese communist party congress, the urbanization transition from "Land urbanization" to "people urbanization", in order to solve a series of problems that rapid urbanization led to, such as the rapid expansion of urban space, extensive landuse, low density of city building, lack of vitality, disappearance of city regional characteristics and cultural characteristics. The overall urban design of Anji is a guiding document which complements each other with the overall planning. It is an important grasp on Anji city planning and construction. Through the overall urban design, Anji can creates a unique living environment by the establishment of overall urban framework and the corresponding system of value standard as the long-term city development guideline. This article studies the innovative explorations of urban-rural integration, city value standard, city function design, the recent action plan and so on, to provides the beneficial reference for the high quality development of city.

[Keywords]　Beautiful Countryside; Elegant Bamboo City; New Urbanization; Overall Urban Design; Anji; Action Plan

[文章编号]　2015-66-P-052

1.安吉县城总体城市设计目标定位
2.近期行动规划构想
3.近期行动技术路线

一、研究背景

中国改革开放30年来，城市化水平由1978年的17.92%较快地提升至2013年的53.37%，但仍远低于发达国家的城市化水平。根据世界城镇化规律，我国正进入快速城镇化的关键时期，而占全国城市总量85%的小城镇将成为提升城镇化质量、推进城镇化加速发展的主要战场。在"十八大"将"新型城镇化"确定为国家战略的政策背景下，城镇化的重心由"土地城镇化"向"人的城镇化"转变，以改变快速城镇化带来的一系列问题，主要表现在：城市优先发展，乡村发展缓慢；城市空间拓展较快，但土地用能粗放；城市建设密度较低，人气活力不足；城市地域特征及文化特色消失，城市缺乏个性造成"千城一面"等。

仇保兴博士讲到"新型城镇化讲求城乡互补、协调发展；城乡一体化发展，非一样化发展，城乡有别；推进新型城镇化，要传承自身的文脉，重塑自身的特色"。总体城市设计的主要工作是解决城市整体空间秩序和提升整体环境，凸显城市特色。而城市设计强调从人和城市场所的关系出发，从自然环境特征和人文价值取向出发，从城市对人的服务品质来认识人和城市的关系，识别和评价城市的公共资源，来回答城市如何定位，城市怎么发展的问题。总体设计从城市总体层面，为城市空间整合发展和特色营造拟定了一条清晰的思路，与新型城镇化强调的"内涵式发展"相契合。针对城市发展转型的需求，总体城市设计可整合法定规划和非法定规划的多层次规划，其作为城市整体层面的规划"抓手"，成为指导城市建设的纲领性文件，在城市规划体系中的作用愈加凸显。

安吉作为"美丽中国"发源地，"美丽乡村"建设卓有成效。其于2009年开展了《安吉县城总体城市设计》（2010年完成），建立起一个基于城乡统筹、基于山水生态、基于城市活力、基于城市交通以及基于城市文化和谐发展的未来安吉县城人居特色的"总体城市框架"和相应系统的"价值标准"，作为城市发展的长期控制引导手段。

二、安吉县城总体城市设计的研究思路

安吉为著名中国竹乡，长三角距离人口密集地区最近的山区，以乡村休闲度假为特色的生态旅游城市。随着长三角地区合作的日益深化，以杭长高速公路建设为代表的交通环境改善，安吉的环境、区位、资源等优势将进一步凸显。但随着城市扩张的多点开花，导致了城市特色丧失，环境品质降低，人气活力欠缺等问题，并在城市建设实践中，缺乏宏观层面的城市设计控制，局部地段的设计各自为政，难以形成

完整的城市意象和具有特色的城市风貌。

安吉县城总体城市设计在立足已有规划的基础上，深入挖掘城市地域特色，建立一套以打造城市人居特色为核心的近期行动规划项目，以期在短期内使安吉的城市品质、形象及特色等方面有较大的提升。着眼于更高的城市建设水平和更长远的城市发展需要，以城市设计的价值观，从城市总体层面重点进行以下三方面工作。

1. 挖掘城市特色，明确价值标准

（1）从分析安吉城市发展条件为切入点，找寻出城市发展面临的核心问题

安吉具有优越的发展条件，生态条件优越、山水格局鲜明、竹茶资源丰富；城市格局具有清晰的发展规律，演进过程为沿河→沿路→组团化发展；历史人文资源和旅游资源丰富、文化品牌逐渐成熟。

同时，快速城市化导致了以下问题：竹乡闻名全国，竹城未见踪影；城市山水格局不明晰，山水环境没有形成城市空间及活动的框架；城市空间品质缺乏特点，美丽的乡村景观与平淡的城市面貌形成了反差；城市建设缺乏整体框架，管理和行动薄弱等。

（2）借鉴萨尔斯堡、格拉茨等国际旅游城市的发展经验，形成县城发展的核心价值标准

"中国竹乡"、"美丽乡村"、"生态县"等是安吉的三张名片，但遗憾的是，安吉现实情况是有"中国竹乡"，却未见"中国竹城"；有"美丽乡村"，却未见"优雅城市"；有"生态县"，却未见"生态城"。故安吉县城发展亟需转型，应在挖掘城市资源禀赋基础上，对现有特色品牌资源进行整合，塑造空间特色，补足城市建设的短板。依托美丽乡村，打造优雅竹城，提升城市服务能级，突出城市形象特色。构建全新的城市名片和县城发展的价值标准。

（3）在明确核心价值基础上，强调城乡一体化发展，构建县城发展的总体定位目标体系

安吉城市发展总体目标定位为"美丽乡村、优雅竹城"。"美丽乡村"——延续"美丽乡村"计划，开发安吉的生态度假旅游，以乡村美丽竹景色成为安吉生态旅游度假村的特色卖点。"优雅"——山水赋予安吉优美闲适的城市格局和特征。而竹（高雅）、茶（清雅）、昌硕书画三者文化特色（文雅）又赋予安吉为一个极致大雅的城市，强调城市山、水、竹、茶特色品味。综合二者，形成安吉的优雅特征。"竹城"——竹是安吉的象征元素。以竹元素渗透城市的方方面面，强化竹的特征，形成名副其实的"竹城"。总体目标具体落实为"山水名城、休闲名城、竹乡竹城和品质之城"等四大分目标。

2. 强化路径设计，建构空间平台

重点强化安吉的城市特色，实现"优雅竹城"理想，突出竹城的个性和文化品质特征，在进行山水格局特色、竹乡文化、建

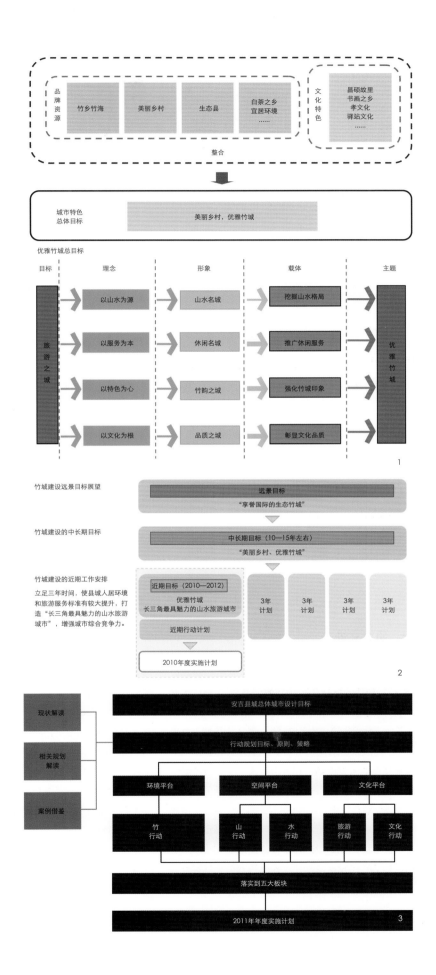

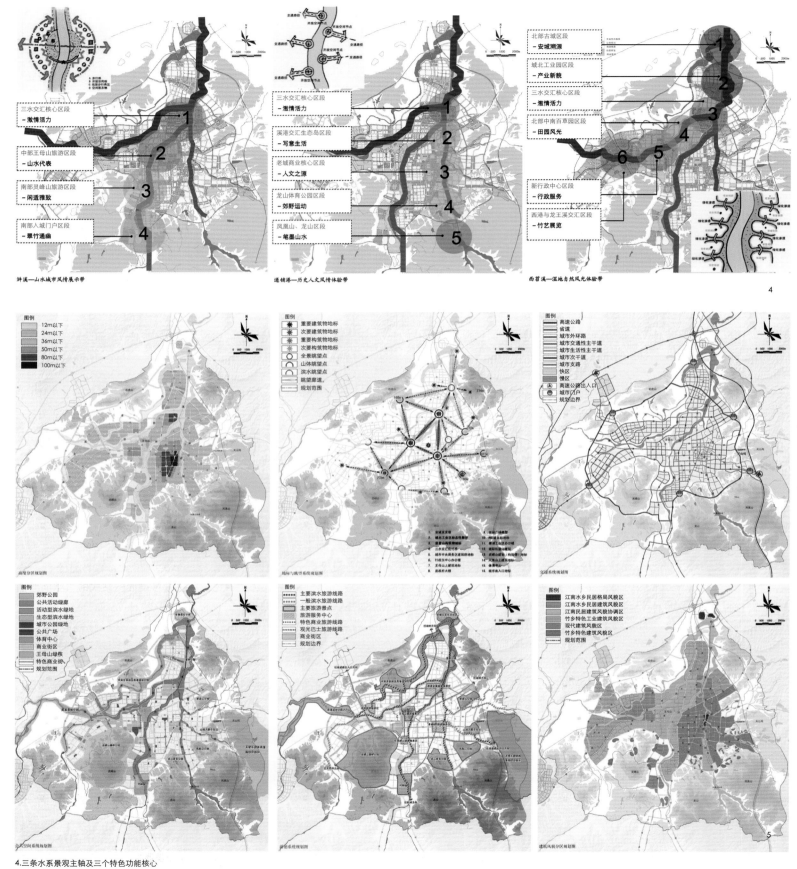

浒溪—山水城市风情展示带

递铺港—历史人文风情体验带

西苕溪—湿地自然风光体验带

三水交汇核心区段
- 激情活力

中部王母山旅游区段
- 山水代表

南部灵峰山旅游区段
- 闲逸雅致

南部入城门户区段
- 翠竹通幽

三水交汇核心区段
- 激情活力

溪港交汇生态岛区段
- 写意生活

老城商业核心区段
- 人文之源

龙山体育公园区段
- 郊野运动

凤凰山—龙山区段
- 笔墨山水

北部古城区段
- 安城溯源

城北工业园区区段
- 产业新貌

三水交汇核心区段
- 激情活力

北部中南百草园区段
- 田园风光

新行政中心区段
- 行政服务

西港与龙王溪交汇区段
- 竹艺展览

4

5

4.三条水系景观主轴及三个特色功能核心
5.安吉县城总体城市设计系统规划

筑风貌特色、城市密度分区等专题研究基础上，提出城乡统筹发展、梳理构建山水格局、提升优化竹城功能、疏导竹城交通系统、引导竹城公共生活、构建竹城景观系统、塑造竹城文化品牌等七大城市设计策略工作，形成实现竹城目标的路径。从整体到分区对安吉的公共资源进行整合、控制与引导，建立清晰有序的城市结构并形成独特鲜明的城市特征。

3. 注重行动规划，引导实施操作

致力于打造基于实现总体城市设计目标和城市整体形象的近期行动规划体系，依托行动规划理念，通过完善山水格局、提升竹城功能、疏导竹城交通、打造竹城空间、美化竹城景观、营造竹城生活、塑造竹城文化等方面的工作，形成近期行动的整体工作框架。通过制定持续的计划，将优雅竹城的城市发展概念贯穿到安吉的经济、社会、空间、生态、文化等的各个组成部分中，以此整合城市资源，推动城市发展、提升城市的品质与品牌。

行动规划提出实现优雅竹城的近期行动目标，构建包括环境平台、空间平台和文化平台等三大平台，开展竹、山、水、旅游和文化等五大行动，并提出落实到五大空间板块的一系列近期行动项目库建议，指引开发建设的时序安排，明确各职能部门执行的协作关系，以指引建设行动。

表1	近期规划设计项目建议表			
项目类型	项目名称		2010工作计划	备注
分区规划	中部分区规划		预计完成	已有
总体城市设计	安吉县城整体城市设计	山水城市空间格局研究、竹文化研究、城市建筑风貌特色研究、城市密度分区研究	预计完成	已有
专项城市设计	竹景观规划设计		建议开展	建议
	夜景照明规划		建议开展	建议
	慢行系统规划（步行、自行车、无障碍交通）		建议开展	建议
	色彩规划		建议开展	建议
	地名规划		建议开展	建议
局部城市设计	城北片区城市设计		建议开展	建议
	王母山旅游景区及周边地区详细规划设计		建议开展	建议
	环灵峰山城市副中心城市设计		建议开展	建议
	中心区城市设计（RBD）\城南入口总体城市设计、芜园路以北旧改城市设计		已完成	已有
景观及建筑设计	城市六大门户景观设计		建议开展	建议
	西苕溪生态景观规划设计		建议开展	建议
	禹山坞公园规划设计		建议开展	建议
	安城城墙及护城河公园景观设计		建议开展	建议
	20个特色竹建筑设计		建议开展	建议
	浒溪景观规划设计、石马港景观设计		预计完成	已有
	龙山森林体育公园景观规划、递铺港景观规划设计、西港湿地景观带概念性规划、公共艺术品与城市家具规划设计		已完成	已有

三、安吉县城总体城市设计的空间格局

1. 构建山、水、城空间格局骨架

城市生长，格局为先，良好的空间格局设计必定充分考虑到城市发展的各个影响因素，也将对城市的长远发展带来巨大影响。安吉县城总体城市设计结合安吉现状"六经六脉"的山水格局、城市历史沿革、城市功能布局等特征，通过重点保护与利用山水资源，打造山体公园景点，塑造滨水空间景观，预留绿色开敞空间，打通山景入城廊道。并合理控制建筑高度分区等，通过梳理山、水、城关系，构建和谐的整体空间景观格局。

2. 安吉县城总体城市设计空间格局

总体设计构建了以"三带三核六分区"为核心的山水空间景观格局，建立基于资源要素及特色的六大风貌分区和十八个多样景观节点。并对其进行详细的功能策划及空间设计指引，在总体设计控制导则中予以深化落实，指引具体的风貌建设。

选取西苕溪、浒溪和递铺港三条与城市景观最为密切的水系，打造城市核心景观轴带。在王母山、溪港交汇处、老城RBD等三个重点区域打造展现山水、人文特色的景观核心区。基于山水竹资源要素及历史文化特色，建立的六大特色风貌分区。强化重点地区建设，打造一系列亮点地区，并结合自然景观、人文资源要素培育公共空间景观节点。

四、安吉县城总体城市设计的创新探索

1. 与《安吉中部分区规划》共同成为指引城市建设的框架和"抓手"

安吉县城总体城市设计与《安吉中部分区规划》在用地规划和空间规划上相互反馈与协调，是相辅相成的纲领性文件，两者共同建立未来安吉县城的总体城市框架和相应系统指引体系，成为指导近期城市规划设计和建设实施的重要"抓手"，并作为城市发展的长期控制引导手段。

2. 制定了为安吉量身打造的实现优雅竹城目标和策略的近期行动规划

近期行动规划注重行动计划项目化，以"一张图、一张表"的形式，通过图表结合、明确工作、落实空间的方式，落实各个职能部门的发展计划，把城市规划和建设项目全部纳入行动规划体系中，清晰有效地指引建设行动。

3. 扩展完善一体式的"全过程城市设计"内涵，避免了以往城市设计一站式的"空间蓝图方案"

本次总体城市设计不仅仅是对城市空间形态的整体把握，在研究内容方面更包括对安吉县城的功能设计、价值标准设计，以及面向实施操作的近期行动规划、面向宣传的公众手册，为安吉县城建立城市发展的一套价值标准，并形成全过程的影响城市规划和建设活动的城市发展框架。

4. 采用更加科学理性的技术手段对城市开发容量和密度分区进行判断

针对中国小城镇粗放式发展的现状，本次总体城市设计在控制城市开发容量及密度分区时采用GIS技术对影响因素进行系统分析，建立密度分区模型，并辅以规划师对城市发展的经验判断，得出相对科学理性的结论，为城市的精细化管理提供技术支撑。

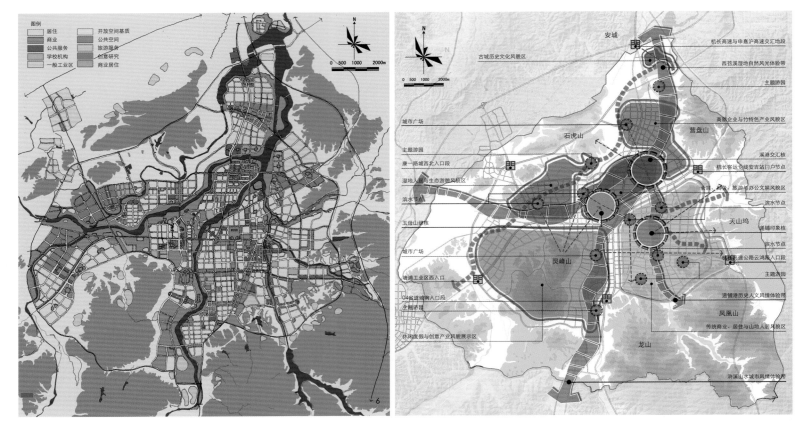

6.总体城市设计概念性功能布局
7.总体城市设计风貌结构
8.六大风貌片区设计结构
9.近期行动规划图和近期行动规划表

五、结语

安吉县城总体城市设计成为塑造整体城市空间秩序和提升整体环境品质的有效途径和必要条件。通过深入挖掘城市地域特色，构建县城整体形态风貌，提升城市空间活力与品质，彰显城市核心价值，并建立未来安吉县城人居特色的总体城市框架和相应系统的标准体系。同时在行动规划理念指导下，构建基于实现总体城市设计目标和城市整体风貌的近期行动规划体系，作为指导近期城市规划设计和建设实施的重要"抓手"。

本次设计研究突破了传统的总体城市设计往往关注空间环境本身的局限，其从安吉的城市特色出发，重点关注人的需求，发挥了城市设计可整合多层次法定、非法定规划的优势，扩展了总体城市设计研究内容的广度和深度，在城乡统筹发展、城市价值标准、城市功能设计、近期行动规划等方面对城市内涵式、高品质的发展做出了创新探索研究。

《美丽乡村、优雅竹城——安吉县城总体城市设计》项目启动于2009年7月，2010年12月完成。

受安吉县规划局委托，由深圳市蕾奥城市规划设计咨询有限公司编制。

参考文献

[1] 仇保兴. 新型城镇化：从概念到行动[J]. 行政管理改革，2012 (11).

[2] 王世福，汤黎明. 对我国城市设计现状的认识[J]. 规划师，2005 (1).

[3] 赵勇伟，叶伟华. 当前我国总体城市设计实施存在的问题及实施路径探讨[J]. 规划师，2010 (06).

[4] 鲁赛，夏南凯. 理想空间：总体城市设计[M]. 上海：同济大学出版社，2010.

[5] 安吉县城总体城市设计[R]. 2010.

[6] 张咏梅. 行动规划视角下的总体城市设计方法：以安吉县城总体城市设计为例[J]. 规划师，2012 (5).

[7] 鞠德东. 特色凸显，重点把握—德阳总体城市设计实践解析[J]. 理想空间，2010 (3).

[8] 龙岗整体城市设计[R]. 2008.

[9] 北京绿维创景规划设计院课题组. 旅游引导的产业集群化与新型城镇化模式研究报告[N]. 中国旅游报2013 (1).

[10] 王世福. 面向实施的城市设计[M]. 北京：中国建筑工业出版社，2005.

[11] 王红. 引入行动规划改进规划实施效果[J]. 规划研究，2005 (4).

作者简介

修福辉，深圳市蕾奥城市规划设计咨询有限公司，主创设计师，规划师；

张咏梅，安吉县规划局，副局长、总规划师，教授级高级工程师；

张震宇，深圳市蕾奥城市规划设计咨询有限公司，副总规划师，高级规划师。

项目负责人：张震宇

主要参编人员：秦元 修福辉 刘泉 徐源 李凤会 覃美洁 王建新 符彩云

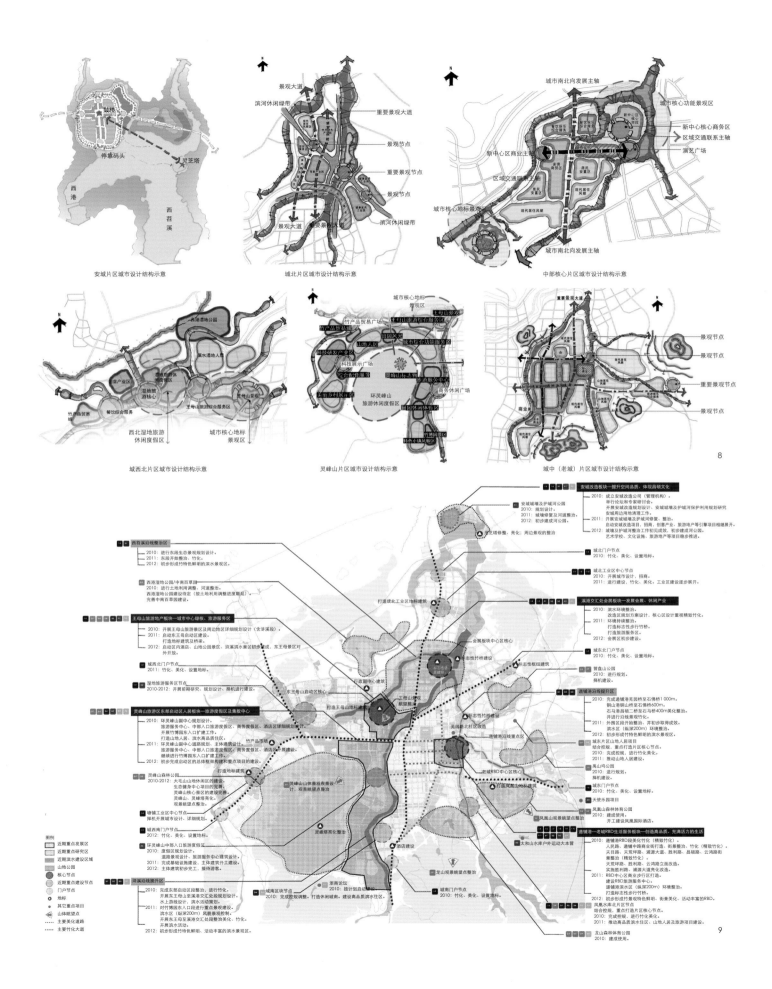

安城片区城市设计结构示意

城北片区城市设计结构示意

中部核心片区城市设计结构示意

城西北片区城市设计结构示意

灵峰山片区城市设计结构示意

城中（老城）片区城市设计结构示意

8

9

基于形制特色的历史文化名城风貌保护与提升
——新疆特克斯八卦城总体城市设计

Emphasizing on Urban Shape and Structure
—The Style Conservation of Historical Bagua City in Tekesi, Xinjiang

秦 雨 陈红叶
Qin Yu Chen Hongye

[摘 要] 历史文化名城的形制是在一定历史文化影响下，在空间上反映出来的独特形态，也是名城特色风貌的重要组成部分。在特克斯八卦城的总体城市设计中，从宏观山水格局及八卦形态保护、文化特色感知与肌理延续、中观公共中心风貌重塑及微观的建筑设计更新等方面，探讨以城市形制保护为重点的风貌保护与提升策略。

[关键词] 历史文化名城；特克斯八卦城；城市形制；城市风貌

[Abstract] the urban shape and structure of historical city is the unique morphology which is the spatial reflection of certain history and culture, as well as the significant part of city style and feature. For the urban design of Historical Bagua City in Tekesi, it explores the method for style conservation of Historical City based on the protection of urban shape an structure, the method is mainly emphasize on the protection of surrounding landscape pattern and Bagua morphology, culture cognitive and texture maintaining , as well as the architecture renewal guiding.

[Keywords] Historical City; Historical Bagua City in Tekesi; Urban Shape and Structure; Urban Style Conservation

[文章编号] 2015-66-P-058

1.景观风貌结构
2.视线廊道控制
3.规划院落肌理图

一、引言

八卦城位于新疆维吾尔自治区西北部、天山山脉北麓，隶属新疆伊犁哈萨克自治州，是一个现居人口只有约4万的小城，占地约7km²，聚居着哈萨克、汉、维吾尔、回等多个民族，产业以农业为主。因其独特的八卦形制及保存良好的地域风貌特色，2007年特克斯八卦城被选为历史文化名城。

如今八卦城面临经济发展及城市更新的双重压力，一方面，城市面临旅游发展的空间及功能诉求，现有的老城空间亟待更新；另一方面，快速城镇化带来的城市蔓延导致八卦形态的破坏。更重要的是，由于缺乏对城市历史文化内涵的深入理解，开发商及地方政府相继规划许多带有江南风格的建筑以其展现"易经特色"，对风貌的破坏十分严重。

特克斯八卦城其最独特的价值在于完整的八卦城市形制。始建于1936年，作为最年轻的历史文化名城，八卦城是一个缺乏历史文化街区及文保单位的历史文化名城，因此独特的城市形制构成名城最鲜明的文化及风貌特点。古城形制是在一定发展阶段，受特定文化影响下的整体空间形态，以及空间构成特征，包括从宏观格局到微观街区建筑等各个方面的构成要素。城市风貌作为城市文化特征的外化呈现，与城市空间形制密切相关。八卦城的风貌保护及延续，必须从对各个层面的形制特色理解及保护着手，再结合城市风貌所面临的现实问题，从宏观山水格局及八卦形态保护、文化特色感知及肌理延续、中观公共中心风貌重塑及微观的建筑设计更新等方面制定有效策略。

二、八卦城形制及特质的解读

正确理解特克斯八卦城形制形成的自然历史缘由，深入挖掘其文化内涵及形制特点，是准确定位城市风貌的基础。

（1）"塞上江南"特克斯

基于优越的地理环境条件，特克斯古时曾为乌孙国国都，至今仍受乌孙文化影响。"特克斯"准噶尔语意为"野山羊多"，蒙古语音译为"原野水源纵横"，八卦城背靠乌孙山，前濒特克斯河。山势磅礴，水势萦迂。北部绵延起伏的乌孙山对八卦城形成环抱之势，作为天然屏障为八卦城阻挡北来的冷空气，防止风沙入侵，特克斯河丰富的水资源同时为游牧民族和农耕民族生产生活提供条件，创造出壮美的农牧景观。

（2）八卦形制的历史成因

八卦形制带有浓厚的政治及文化意义，其形成是汉文化及西域多元文化矛盾、妥协及融合的结果。

相传八卦形制最早由南宋道教全真七子之一的丘处机布置，但实际1936年，时任伊犁屯垦使的邱宗浚为实现"改土归流"，废除清代遗留下来的四大营土官制度，施行正规的区、县建制，将八卦这种汉文化特征强烈的空间符号作为城市形制，以图在民族混杂的特克斯树立起汉文化的标志，达致民族统一的政治目的。

（3）八卦城形制特质

受源自于汉民族的易经文化，乌孙文化等本土民族文化交汇的影响，八卦城在宏观、中观及微观层面均呈现出截然不同的形制特色。宏观上，城市形制包括了《周易》八卦"后天图"的所有要素。以中央广场为太极"阴阳"两仪，按八卦方位以相等距离、相同角度，向外辐射乾、坤、震、坎、艮、巽、离、兑八条大街，每条主街长1 200m，每隔360m设一条连接八条主街的环路，由中心向外依次共设四条环路。四环六十四街的放射状路网骨架划分城市各组团。

中观上，街区肌理体现典型的新疆地域特点，街区由一系列院落围合的单元所组成，院落尺度小、分布密集，院落之间的步行空间狭窄深邃、互相渗透，与当地的炎热的自然气候环境和民俗风情相适应；院落是八卦城内居民最重要的活动空间，由建筑和围墙四面围合中心庭院构成，门窗向内开敞，根据不同民族习俗设有不同的装饰。

微观尺度上，以农业生产为主的民族（主要是汉族）和以牧业生产为主的民族在居住习俗、建筑风格上呈现不同的特点，但两者的传统建筑形制与自然地理环境均体现某种内在的契合性，利于泄水的屋顶、冬暖夏凉的生土墙体、开敞的柱廊、栅格高窗及高台等同于的建筑形制特点均体现对特克斯地区日照强烈、雨水丰富气候的适应。

三、设计策略

1. 碧野环城，保护山水格局及八卦完形

宏观上八卦形制的完整和周边山水格局是城市风貌完整性的基础。通过构建环城绿带，清晰建立老城增长边界，并和城市总体规划协调，把新增建设移至东部的新城进行，保持老城八卦形制的完整也重新建立城市与河流乃至整个河谷地区生态的和谐关系。老城建设边界和老城控制缓冲边界作为环城绿带的建设范围，原则上不安置新开发项目，不设永久建筑物。环城绿带将建设成为生态休闲公园，充分利用丰富的农业景观，打造环城绿道，构建主题功能分区，设置农庄观光、骑射、垂钓、涉溪、康体等游憩活动，成为一种积极的形制保护及风貌增进措施。

2. 标志微城，强化特色文化标志，延续城市整体风貌

方案建立与八卦形态相对应的，层级分明，覆盖全城的景观风貌系统，通过特色文化标志的视觉及空间连续性构建，强化步行者对八卦形制及整体风貌的感知。

（1）"一心八区、两环五轴、一坛四门十七景"的景观风貌结构

二环以内的区域划分为老城风貌的重点步行体验区；三环串联八条主干道划分八大传统街区，形成街区文化体验环，外环游憩观光游线串联旅游项目，形成碧野环城旅游环。针对城市中心的太极坛，四个门户节点及传统街区，结合易经八卦方位和寓意内涵及少数民族独特的文化特色，构建"一坛四门十七景"的标志体系。

（2）山、水、城相呼应的地标视廊系统

依托八卦放射廊道，设计中心观景点、门户观景塔和社区观景三个层级的景观眺望点，并保留现状清真寺作为辅助引导；在景观眺望点之间形成体验城市风貌，山水景观及文化风情的重要空间廊道。

（3）保证观景与观山的建筑高度控制

对观景视廊上的建筑高度进行控制，保证八卦城内重要地标间视线的通畅，主要保证12m高的太极坛、20m高的门户观景塔和15m高的社区观景台之间的视线通畅，以形成丰富多变的空间对景；控制二至四环新建建筑高度，保证观山廊道的通畅。保留现状的观山通廊，通过模拟分析，要保证人站在一环和二环面向主要干道均能看到四周山体的主体部分（2/3山体），二环至四环的建筑高度应控制在15m。据此，将城市划分为4个高度分区，分别为15~20m，7~15m，3.5~7m和3.5以下。

（4）适中的街区尺度肌理控制引导

运用gis对八卦城院落数据综合分析，得出城内院落总数的67%，院落总面积的55%集中在400~2 000m²之间，小尺度、分布密集但密度低的一层院落是构成八卦城街区肌理的主体。因此，方案主要针对超过2 000m²的大尺度地块提出街巷+院落的开发模式指引。通过增加街巷，将地块划分为多个尺度适宜的院落，与八卦城原有肌理完美衔接，预计改造后400~2 000m²的院落占院落总数比例将提高到80%，占院落总面积的比例将提高到69%，八卦城街区肌理将更加协调统一。

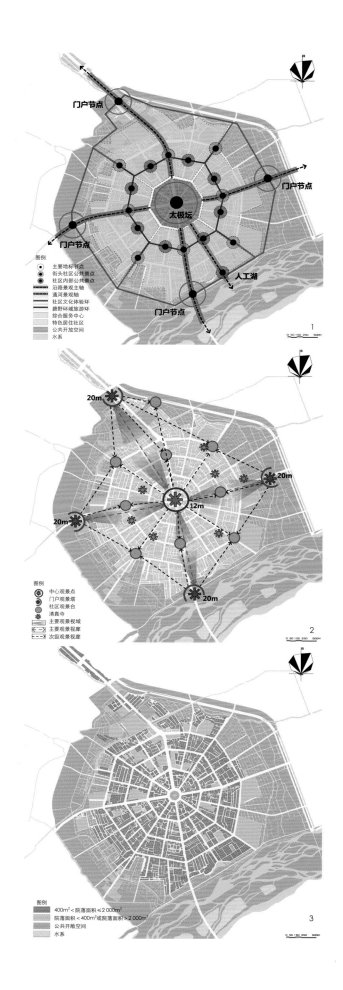

IN

0 50 150 250 500M

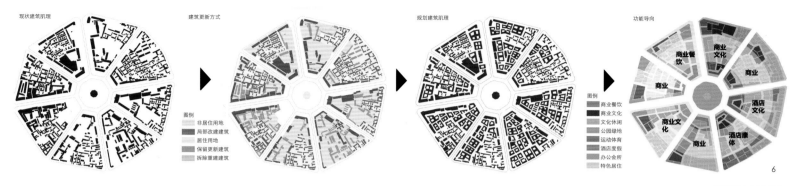

现状建筑肌理　　　　建筑更新方式　　　　规划建筑肌理　　　　功能导向

图例
非居住用地
局部改建建筑
居住用地
保留更新建筑
拆除重建建筑

图例
商业餐饮
商业文化
文化休闲
公园绿地
运动体育
酒店度假
办公会所
特色居住

商业餐饮　商业文化　商业　酒店文化　酒店康体　商业　商业文化　商业　文化

6

4.游憩慢中心效果图
5.城市设计总平面
6.核心区改造分析

3. 游憩逸城，梳理功能，重塑公共中心历史感

传统公共中心历史风貌的消退及适应新功能注入的游憩空间的缺失，是同一个问题——功能叠加造成的建设性破坏的两个侧面。八卦城二环内的核心区一直承担着老城公共服务中心的作用，各类功能的无序重叠导致核心区的传统风貌荡然无存，而现存空间已无法应对迅速增长的公共及旅游服务需求，导致更加杂乱无章的风貌。

（1）功能梳理

功能定位清晰的空间才能更好展现其风貌特质。对核心区的功能进行重梳理，明确核心区承担特克斯旅游服务功能，作为游憩慢中心的定位，植入相应服务功能，疏散与之不相关的工业、单位办公等功能。

（2）街区更新与风貌重塑

最大限度保留现有民居院落，保存生活性场所特征和氛围，延续原有亲切、舒适尺度。打开部分封闭在内的院落空间，创造舒适宜人的半户外活动场所。提取院落空间布局组织原型，进行重构以保证在满足新功能需求的同时，延续传统风貌。延续以步行为主的街巷系统脉络，在主街出入口处设置地下停车库出入口，形成人车分离交通体系，以尽量保持原有街巷尺度及空间感受。

4. 亮彩筑城，保护建筑特色，提升景观品质

分析传统建筑形制，以及其形成的地域自然气候、文化习俗及历史原因，提取出最具可识别性的要素，从平面布局、建筑构成、建筑色彩和表皮肌理四个方面制定建筑控制导则。

平面：采用院落围合形式，最大院落合围面积不得大于2 000m²，单地块庭院面积不得小于用地面积的20%，内院有直接向外出口。

构造：建筑采用坡顶、回廊、窗棂、门头、高台基的手法，且建筑材料50%以上选用当地生土、原木、原石、红砖。

色彩：选用亮暖色为主色调，墙体以白、赭、蓝为主，装饰以黄色、红色、绿色为点缀。

肌理：表皮以材质自然肌理为主，主体表现颗粒粗糙的生土抹墙，细腻柔软木纹，变化的拼花砖墙，坚硬的石纹。

在此基础上，可弹性引导居住、商住、商业院落，并能适宜于现代建筑、中式建筑、民族建筑的建筑风格引导控制。根据上述原则，对重点地段及街道景观界面的建筑进行重点风貌引导。

5. 邻里融城——引导自发更新，实现

传统风貌的延续是一个持续的过程，并不可回避伴有多主体的参与的城市更新问题。邻里街区是构成城市的主体，居民对风貌保护的认可，是风貌保护获得持续动力的关键。同时，邻里居住街区是城市记忆、文化的重要载体，也是构成传统风貌的极重要要素。因此，从社会及环境两个角度考虑，方案首先确立尊重居民意愿，延续生活习俗，让居民自发更新为主的基本原则，在此基础上，以一个具体街区为例制定可操作性的邻里街区更新导引，以期达到可持续性的风貌保护目标。

根据用地性质、建筑质量、建筑高度及建筑功能置换的可能性等因素，采取改建、保留、拆除重建等不同的更新模式，对历史建筑与清真寺进行重点保护；在满足日照与高度控制基础下，对一般居住院落内建筑进行加密以应对新增人口压力。为增强市政设施及防灾建设及人居环境建设，在尊重原有街巷系统及空间尺度的基础上，对现状过窄过密街巷进行拓宽，使主街巷宽度保证5m以上的宽度来满足市政管线的铺设要求；拆除部分院落形成绿茵广场，各广场间通过内部街巷链接，为邻里提供更多公共交流场所。在居住功能不变，保持原有邻里结构的基础上，建议沿主干道的院落进行商业界面改造，或者转变为民俗文化展示场所，使之成为居民获益的重要手段，

同时为街区带来新力。

四、结语

在理解特克斯八卦城的特色价值——城市形制基础上构建的一系列策略，应是以保护特色空间形态，传达独特历史文化内涵，赋予城市以可持续发展的动力作为目标。名城风貌的延续及提升作为其中之一，其策略的构建同样应建立在对城市特色价值及文化的深刻理解之上。

参考文献

[1] 特克斯县地方志编纂委员会. 特克斯县志[M]. 乌鲁木齐：新疆人民出版社, 2004: 125－127.

[2] 斯皮罗·科斯托夫. 城市的组合—历史进程中的城市形态的元素[M]. 邓东，译. 北京：中国建筑工业出版社, 2007: 98－102.

[3] 左力光，李安宁. 新疆民间美术丛书民间建筑[M]. 乌鲁木齐：新疆美术摄影出版社, 2006: 20－27.

作者简介

秦 雨，深圳蕾奥城市规划设计咨询有限公司，部门经理，主任设计师；

陈红叶，深圳蕾奥城市规划设计咨询有限公司，助理设计师。

白云之上旅游小镇
——云南省云龙县县城总体风貌研究

Tourist Town above the Clouds
—Overall Research on City Style of Yunlong County, Yunnan

蒋理 刘晓
Jiang Li Liu Xiao

[摘　要]　风貌规划是提升城市空间环境质量、繁荣城市文化的有利工具，也是响应国家新型城镇化要求、培育专业特色城镇的重要途径。云龙县地处我国西南山区，是典型的少数民族聚集区，也是历史上南方丝绸之路博南古道上的重要驿站，不仅拥有得天独厚的山水自然环境，同时留下了绚丽多姿的物质和非物质文化遗产，这些正是风貌建设中地方性和民族性的展现，是打造云龙品牌的坚实基础。本案通过对云龙自身特色和城市发展方向的研究来探索适合的形象定位和规划策略，并结合对城市建设现状问题的总结，提炼适合于云龙这类欠发达地区山地小城镇的城市风貌规划控制方法。

[关键词]　风貌研究；特色；旅游；云龙

[Abstract]　City style and feature planning is a favorable tool to improve the urban environmental quality and boom the urban culture. It is also a good response to the requirements of constructing new pattern urbanization from the perspective of cultivating towns with characteristics. Yunlong county is located in the southwest mountainous area in China. It is a typical minority community and one of the important posthouses on the southern Silk Road in the history. The unique natural environment and diverse material and non-material cultural heritage are all the solid foundation of city style building. In this case, we focus on digging the characters and development direction of Yunlong itself to explore its image positioning and planning strategy. Combining with the problems of the present, the plan puts forward the city style planning method that is suitable to the mountain towns in less developed areas like Yunlong.

[Keywords]　Research on City Style; Feature; Tourism; Yunlong

[文章编号]　2015-66-P-062

一、引言

山地小城镇往往拥有优美的自然风光和多姿多彩的地域文化，然而受到用地和交通条件的限制，这些地区的城镇化进程缓慢，空间发展局促，从而出现城镇空间逐渐失去特色的普遍局面。对这些地区而言，专注于城市特色挖掘和塑造的城市风貌规划对建设有地域特色和文化内涵的山地小城镇尤为重要。另一方面，欠发达地区山地小城镇的城市空间塑造，必须紧紧围绕城市发展的总体目标，即在保护原有风貌的同时，积极融入建设的需要。

二、研究框架

本次研究以从认知、评价、定位到控制引导的纵向逻辑，以分层次、分系统、分区块的横向表述，对云龙县县城风貌展开规划研究。

三、云龙城市特色解读

云龙县具有独特的自然景观和民族特色文化，被称为"山地白族建筑小山城"、"盐井文化县城"、"民族民间艺术之乡"，云龙县城的景观风貌特色主要体现在以下两个方面。

（1）独特的山水格局

云龙县城被群山环抱，依水而建，形成了典型的"带型城市"。尤其是县城范围内的太极村，自然山水形成了天然的太极图案，是不可多得的景观资源。

（2）丰富的历史文化

云龙历史悠久、物产丰富，早在新石器晚期，便有先民在此繁衍生息，后因其独特的区位条件，成为南方丝绸之路博南古道上的重要驿站。由博南古道的盐文化串联了云龙的8个古村落、8个古盐井、古墓葬、古桥梁，盐马古道遗址是云龙最大的特色资源。此外，云龙县有多民族聚居，各民族文化在几百年间的融合形成了云龙独特的人文环境。

人文因素在房屋建设中得到了充分体现。

四、现状评价

云龙景观类型丰富，形式多样的地貌组合，构成了山地景观的硬质骨架。河流与山体骨架形成刚柔并济的景观对照。复杂的地形变化提供了丰富的景观视野。历史地域文化积淀深厚，遗留下众多有特色的自然和人文景观。在城市建设的层面，如何将如此丰富的自然和人文资源优势以人们能够切身感受的更为直观的方式展现出来，使城市的内涵和表象融为一体，是当代云龙需要解决的问题。

作为未来的体验式旅游小城，城市的公共空间应该从物质形态上成为云龙地域特色展示的舞台。街巷院落、地方民俗活动都应该有与其匹配的空间载体。然而现状在城市特色的感知上较弱，主要问题有以下几点。

首先，风貌感知场所缺乏，即有特色的、形象鲜明的点、线廊道不足。体现在城内缺乏活动空间、关键节点和街道界面缺少特色。

其次，风貌感知途径单一。现状城市特色感知方式，以静态的旅游风景点游览为主，缺乏连贯的体验路径，以及多角度的体验方式。

第三，风貌感知内容相似，即无明显的风貌特色区。老城区中，虽然核心区和核心区外围、开发区之间在密度、街道尺度、建筑风格上存在差异，但整体而言，居住区、商业区、文教办公区之间在风貌上的差别不明显。

第四，风貌感知的细节混乱。表现在城市街道

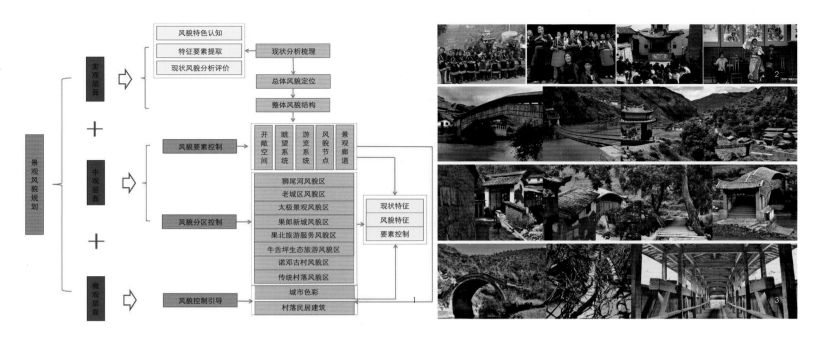

1.研究框架
2.云龙县民俗文化风貌
3.云龙县盐井文化风貌

设施的缺乏、城市色彩的混乱等。

五、总体风貌架构

1. 风貌控制策略

（1）景城一体

通过步行路线，将各景点有机连接：动观为游，妙在步移景异；静观为赏，奇在风景如画。游赏相间，动静交替，城之景致尽入眼中。将县城作为一个景区来打造，达到旅游品牌和城市品牌的一体化、城市建设与景观游憩建设的一体化。

（2）点线把控

把握几个关键节点和轴线的景观风貌营造，形成有序的风貌整体骨架。风貌节点之间以水脉和道路廊道串联，感知连续而变化的景观。

（3）水绿交融

充分利用山环水绕的城市格局，通过楔形绿带，将夹城的山体景观渗透至城区中，并延伸滨水界面，扩展景观受益面，丰富滨水界面。

（4）以事兴城

策划一系列的文化活动，让文化引领云龙走向世界。通过历史文化事件，传承历史文化，塑造具有特色的城市空间。

2. 总体风貌定位

（1）总体风貌定位

结合云龙的风貌特色和现状发展条件，定位总体城市形象为："白云之上旅游小镇"。

通过对城市历史文化发展脉络的梳理和自身风貌特色的总结，提炼出属于云龙的独特的城市风貌特征：

"千秋秘境开新纪，满城花色焕盛观，歌舞吹弹亲诺水，盐马古道入青山；

层峦叠翠见屋舍，太极一目比神仙，世外难寻清净土，白云之上有人间。"

（2）定位解析

"白云之上"是云龙在白族语中的含义，突出了地形复杂、多山地的地理特征。此外也昭示着云龙人民的纯朴天性。白云之上的字眼易让人联想到纯美的山水和古老的文化。

风貌控制策略及风貌总体定位，皆突出了云龙未来发展的重要方向——旅游。云龙的整体大环境受现代工业社会的影响和破坏相对较少，优越的生态环境，是现代旅游发展的重要资源。自然和人文资源并重，又有不同于周边城市的静谧和祥和。云龙城市的发展，也应以保护和传承这种地方特色为基础，打造体验自然与历史的旅游之城和生活便捷的宜居之城。风貌建设，即要在此项定位的基础上，通过对结构的把握和相关系统和区域的控制，挖掘并强化城市特色，落实细节。

六、风貌控制与引导

1. 系统风貌控制

针对现状风貌感知场所缺乏和途径单一的问题，规划在系统风貌控制层面强调对开敞空间的风貌控制，并设计游览线路，最大可能丰富点、线、动、静的感知体验。

（1）眺望系统

眺望系统分自然制高点眺望、高层眺望系统两种类型。规划以牛舌坪及太极村周边的自然山体为自然制高眺望点，结合山体景观视廊，构筑城区自然制高点眺望系统。以重要道路交叉口的商业建筑高层点，结合建筑街景视廊，构筑城区高层眺望系统。

（2）游览系统

城市风情游览路线主要途经城市发展带上的各

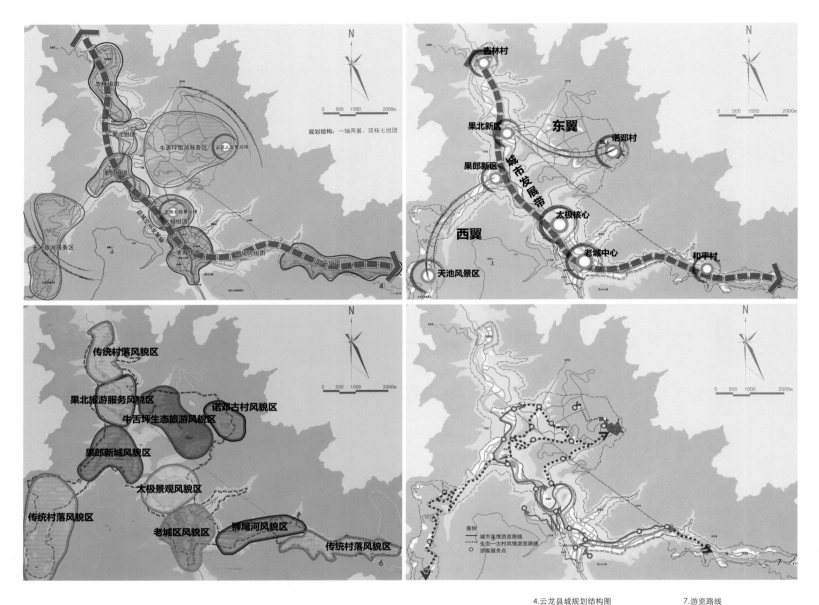

4.云龙县城规划结构图　　　　　7.游览路线
5.整体风貌结构图　　　　　　　8.狮尾河风貌区改造剖面示意图
6.云龙县中心城区风貌特色分区图　9.云龙县色彩采集表

个风貌大节点。生态—古村风情游览路线主要位于风貌结构的两翼区域，连接主城区和牛舌坪生态旅游风貌区、诺邓古村风貌区及传统村落风貌区。

2. 风貌分区控制

云龙中心城区景城一体，分区特色鲜明。风貌分区既要符合总体规划的分区功能定位，也要尊重当地的建成环境和地形地貌。以此为准规划云龙中心城区八大特色风貌区，对其建筑风格等提出引导，并针对狮尾河地区特殊的峡谷地形，提出改造意向。

（1）狮尾河风貌区

明快、宜人的居住氛围。新建建筑应与原有建筑保持色彩与材质的协调，可选用石材、金属挂板进行改造。用多种手法丰富墙体的层次感。山地建筑体

量与山体背景相协调。

（2）老城区风貌区

本区建设较为成熟，建筑色彩以适当整合为原则，新建和改造建筑以街坊为单位统一协调。科教文卫类建筑以白色为基调，适当辅以红色系作为点缀；行政办公、医院建筑以白色和浅灰色为主。商业建筑可选用更为跳跃的色彩。本区注意建筑高度的控制，确保城区与周边主要眺望点的视廊通畅。

（3）太极景观风貌区

自然清新的风格，应体现自然、生态、绿色的气氛。村落注重与山水环境协调融合，建筑修旧如旧，尊重原有建筑设计意象，部分可选用石材进行改造。

（4）果郎新城风貌区

稳重和谐、彰显新貌。建筑体量、色彩宜大气

稳重、庄严和谐，构成上以简洁明快的高明度淡色调为主。

（5）果北旅游服务风貌区

色彩凸显、自由搭配，体现鲜艳、别致、热闹的气氛。建议商业建筑采用白族传统建筑与现代建筑材料相结合的形式，色彩上可适当采用大面积的饱和色彩面，整体色相以高彩度暖色调为主。

（6）牛舌坪生态旅游风貌区

自然清新的风格，颜色搭配相对低调，以与整体山地环境相协调。细节部分尊重建筑原始设计意象，可选用石材、木材等进行改造。

（7）诺邓古村风貌区

修旧如旧，凸显古村风貌。结合诺邓村保护规划，传统保留建筑色彩改造结合建筑整修工程进行，

通过降低高度、平屋顶改坡屋顶、立面整修等措施协调统一诺邓整体风貌。

（8）传统村落风貌区

采用传承与发展并举的方式，一方面对保存完好的古民居加以修缮保护，另一方面，在住宅的新建上，沿用传统的民居形式。建筑色彩色调以白色、灰色和砖红色为主，符合当地村庄传统，修旧如旧。

3. 城市色彩控制引导

通过对云龙县城自然色彩及人文色彩的提取，总结如下特点。

（1）传统居住建筑：以白色为基底，辅以灰茶色、杏色装饰。

（2）新式居住建筑：以白色为基底，辅以梅染色、绯色、小豆色。

（3）行政办公建筑：以白色为主，色彩比较简洁，反映庄重实用的特征。

（4）商业建筑：色彩比较丰富，但应加强沿街商业的管理，特别是广告牌色彩的设计，要求广告牌颜色与建筑及区域整体相协调。

4. 村落民居建筑设计引导

要求同一村落内的民居在建设时采用相似的建筑风格、建筑细部，尽量在设计中渗透民族元素，如坡屋顶、外挑檐、民族装饰图案。新建建筑应重现传统村落建筑特色，推荐沿袭原有院落形制，在材料的选用上也可考虑使用原生态的瓦片、土木，使建筑可以成为"生命体"，将地方风貌特色不间断地传递下去。

七、结语

城市风貌特色的塑造，应从解读城市特色、分析构成城市风貌的要素入手，在对现状进行详细调查和问题总结的基础上进行风貌规划控制和引导。对云龙这样的集地理环境、历史文化和民族风情特色于一体的山地小城镇而言，在充分挖掘其资源的基础上，还要结合总体规划，明确"旅游小镇"的发展定位，围绕这一定位展开整体风貌架构，在具体的规划和引导中，通过强调开敞空间、游览路线等风貌感知场所和路径的风貌控制，落实城市发展定位对空间的要求。

参考文献

[1] 郭志刚. 欠发达地区山地小城镇景观风貌设计初探：以湖南省桂东县清泉镇为例[J]. 中外建筑，2010（7）：89-91.

[2] 田明，袁海清. 小城镇研究的回顾与展望[J]. 现代城市研究，2001（5）：58-61.

作者简介

蒋　理，上海同济城市规划设计研究院，规划师；

刘　晓，上海同济城市规划设计研究院，主任规划师。

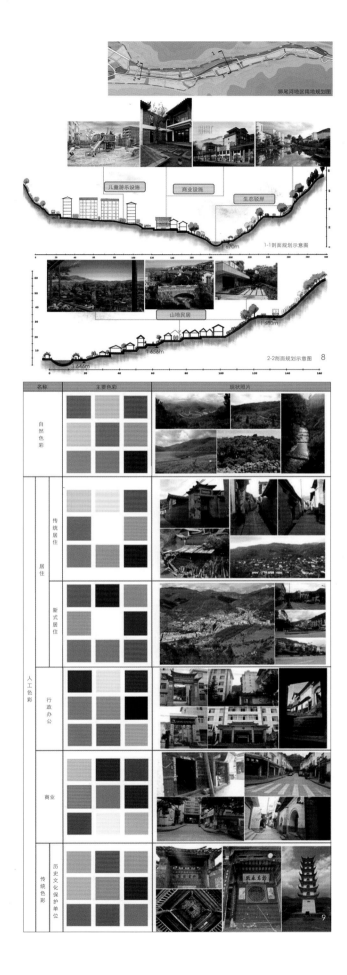

以葫芦岛城市风貌规划为例的滨海中等城市特色研究

The Research on the Feature of the Coastal Medium-sized Cities
—A Case Study of Huludao Cityscape Planning

徐 翼
Xu Yi

[摘　要]　本次规划通过对城市发展历程及风貌特色的分析，总结出"城泉山海岛，关外第一市"风貌定位及"山首古韵与金地，盘龙伏鳄出雄关。岛菊国珍多银杏，吞云吐海竟飞天"的风貌宣传题辞。并对城市高度、色彩、街道灰轴景观等内容进行专项详细研究与规划，通过重要街区的风貌设计导则以期使宏观风貌规划能够指导下一步的详细规划及城市设计、强调管理操作性。

[关键词]　风貌特色；宣传；风貌设计导则；实施操作

[Abstract]　Analysis on the development process of the city and features through the planning, summed up the "Town Spring Mountain Sea Island, the Customs of the first city" the style and features Orientation. And special research and planning of the city with the height, color, gray axis landscape street, through the design guidelines for important blocks in order to make the macro landscape planning to detailed planning and city design, under the guidance of a further emphasized that the implementation of operation.

[Keywords]　Features; Propaganda; Landscape Design Guidelines; Implementation Operation

[文章编号]　2015-66-P-066

1.辽西走廊示意图
2.区域发展联系图
3.空间结构现状
4.河川景观风貌规划

一、风貌规划研究

1. 风貌规划背景

在现代工业技术与全球化的影响下，不少城市规划设计手法抄袭趋同，追求大体量的建筑物、大规模的建筑群，导致城市面貌千篇一律，"特色危机"成为城市建设中的共性问题；在城市竞争日趋加剧的今天，城市竞争越来越不是单纯的经济实力的竞争，而是综合实力的竞争，没有特色内涵的城市将很难在竞争中脱颖而出。

因此，城市文化和城市风貌特色问题越来越受到重视，各个城市迫切需要着眼于城市发展的长远利益和塑造城市特色的规划，为城市健康、和谐发展出谋划策。城市风貌规划切合时代发展的需要，为塑造城市特色做出贡献，有利于促进城市竞争力的提升。

2. 风貌规划意义

城市风貌规划的意义已经不仅仅局限于美化城市视觉空间环境，提升城市空间环境质量，城市风貌规划更多地关乎如何塑造城市形象，繁荣城市文化，打造城市品牌。城市风貌特色的资源价值使风貌规划作为城市提升自身竞争力、突显自身形象、破解"千城一面"尴尬的诉求工具。在国家新型城镇化背景下，发展更具特色的中小城市、捆绑城市营销的理念，在"以风貌促发展，以特色强实力"的规划思路指导下，各地进行了形形色色的城市风貌规划实践，也使风貌规划显得更加有现实作用和政策引导性。

3. 风貌规划概念

城市风貌规划是通过对城市历史文脉进行挖掘，从而引导城市形成富有个性魅力的空间形态的一项专项规划。它综合了城市现有的各项规划并与其有机衔接、相互协调，是对城市法定规划的补充和深化。

二、风貌规划实践

葫芦岛市以优越的自然环境和景观著称。起伏的丘陵山地，以及良好的海滨沙滩岸线，已经与城市建成空间有机融合，都为城市建成空间的丰富立体形态塑造奠定了坚实基础；曲折变化的滨海岸线，以及优良的沙滩海滨浴场，已经成为葫芦岛市重要的景观标志和旅游资源；穿越城区的河流也为城市预留了良好的生态和景观开敞廊道。因此葫芦岛城市建设应当谨慎保护、合理用地，重点加强城市建设与自然环境间的有机协调，塑造独具特色的整体城市景观特色。

1. 城市发展现状

（1）区域概况

葫芦岛自古以来位于战略要地，是华北通向东北的重要通道——辽西走廊上的重要节点城市。从辽宁省来看，葫芦岛位于其南端，是环渤海经济发展带上的一环，是东北地区进入关内的重要门户，同时也是出山海关后的第一座中型城市，素有"关外第一市"之称。

（2）城市发展现状

葫芦岛具有优越的地理位置，是东北地区的"第一印象空间"，其城市风貌应当能够代表并展示东北地区特点。而目前葫芦岛市城市建设未能完全彰显其"关外第一市"的地位。此外，建设特色城市，拥有适宜的人居环境，是城市发展战略目标之一，也是城市长远竞争力之所在。

2. 现状风貌分析

（1）现状空间结构

葫芦岛以锦葫路、连山大街、龙湾大街、龙程街为轴线的城市骨架基本形成，但对城市整体辐射带作用不明显；军用机场是阻碍城市城市发展的制约因素，需妥善解决，加快城市发展。今后应通过对自然、城市、经济、交通等影响城市空间要素的整合，加强骨架空间作用和轴线关系的控制，对现已形成的城市门户形象进一步提高。

（2）城市现状风貌结构评价

通过对葫芦岛市发展概况与风貌现状评价，提出本次风貌规划亟待解决的核心问题。

①打造特色鲜明的"第一印象空间"，发挥"门户"的地理优势，增强竞争力。

②积极发挥龙湾组团的核心地位，加强各组团之间的联系。

③利用丰富的景观资源，借鉴成功经验、挖掘城市特色，建设宜居宜业的城市环境。

④生态环境保护与产业快速发展并举。

3. 风貌特色定位

城•泉•山•海•岛，关外第一市。

——中国•葫芦岛

山首[1]古韵与金地[2]，盘龙[3]伏鳄[4]出雄关[5]。

岛[6]菊国[7]珍多银杏[8]，吞云吐海竞飞天[9]。

城——保存完好的明兴城古城是葫芦岛市不言而喻的一张重要名片，是滨海岸线景观带上的重要节点。随着滨海旅游开发的深入与文化内涵的深层发掘，葫芦岛市与兴城市将以各自的鲜明特色成为辽西走廊的海滨明珠。

泉——葫芦岛地处渤海之滨，兴城温泉是东北三省最著名的温泉，张作霖在温泉处建有别墅；葫芦岛市区内有五里河、连山河、月亮河、茨山河穿城而过，是城市景观的亮点区域。

山——城中有山，山环城市，是葫芦岛的重要风貌特征。兴城首山为群山之首，而葫芦岛北侧的群山由数座颠连起伏的峰峦组成，岭岭相携，峰峰依偎，气势雄伟。城内有龙背山、孤山两处生态条件优越的天然公园，是远眺佳点。

海——葫芦岛地处渤海湾西侧，是辽西走廊之重镇，海岸线总长258km，新辟的滨海大道两旁的茂密森林在山海之间展开；另有龙湾宁静而雄浑，具有涤荡人心的震撼效果，令人神清气爽，印象深刻。

岛——最著名如菊花岛，其他如钓鱼岛、鸟岛。而葫芦岛是中国唯一以岛命名的城市，其无形资产价值很高。

4. 重点规划与研究

（1）旅游景观风貌

规划将以连山城区、龙港城区、兴城市区为主体的滨海一线打造为渤海西岸规模恢宏的滨海游憩带和生态城区，形成海城一体的个性化城市风貌，在环渤海树立起崭新的区

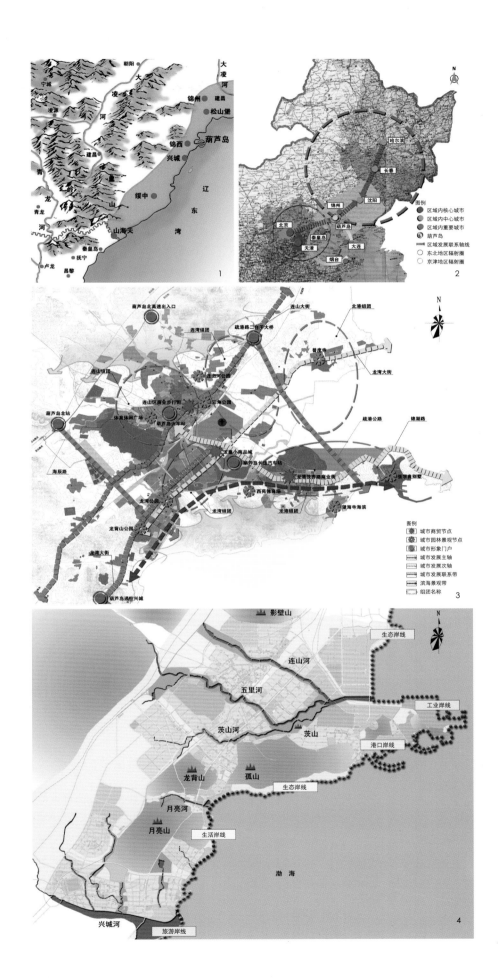

表1 现状空间特点

名称		位置	现状	分析	实景	示意
城市框架		以锦葫路、连山大街、龙程、龙程街为依托，构成葫芦岛市城市空间结构脉络与骨架	沿街分布了葫芦岛市主要的商业、企业和公共设施，是带动城市发展的动力	连山大街和龙湾大街作为老城和新区的经济政治中心，作用显著。锦葫路和龙程街作用不明显，尚需明朗		
城市轴线	主轴线	城市经济轴线：大量经济、公共设施集中在连山大街（102国道）、龙湾大街	连山大街两侧分布大量商业，是老城的经济文化中心，商业文化氛围厚重	基础设施比较完善，商业氛围良好，道路两侧没有绿化带，缺少公共绿化公园		
	次轴线	城市部分商业与公共设施集中在锦葫路、龙程街两侧，形成城市次轴线	锦葫路是连接两个城区的重要纽带，沿街两侧分布大量的商业公共设施，也是全市两大工业锌厂和渤船重工的厂址所在地；龙程街联系龙背山公园、龙湾公园、长途汽车站等城市重要景观节点，两侧以居住和小型商业为主。两条道路以现有的商业为依托，正在进一步形成和发展中	基础设施较完善，龙程街由于是新区干道，人气尚还不足，锦葫路是通往港口的必经之路，路面状况较差，污染严重		
	发展带	海辰路、疏港公路是外界与城市联系的重要纽带，是城市未来发展的动力	海辰路两侧分布有少量工业，大部分为空地；疏港公路两侧大部分为农田	道路条件较好，两侧绿化环境优美，交通作用突出，具有发展潜力		
	滨海景观带	由海滨南路、茨齐路、锦葫路东段串联而成的海滨景观带是城市的重要景观轴线，也是通往港口和兴城的重要通道	海滨南路两侧分布有大量休闲度假娱乐设施，体现海滨城市的特色	尚需完善功能，体现城市特色		
结构要素	阻碍因素	老城区锦葫路与永昌路交界处的军用机场，各大工厂的铁路专用线。军用机场对城市功能造成隔断，铁路和企业专用线对城市形成分割	城市中心区保留军用机场一处，周边地区基础设施较差，对附近居民的生活造成影响，阻碍整个城市的建设；铁路和专用线使城市发展需跨越相应门槛	由于城市中机场和各大工厂铁路专用线的阻隔，影响了城市的整体发展和有机联系		
	功能组团	以道路、水系为边界，以山体为背景，形成多个功能组团	连山组团是葫芦岛城市最早形成和建设发展的组团，现状已经聚集了城市居住、工业生产、市级商业服务和主要对外交通枢纽等重要功能。龙湾组团已经建成为葫芦岛城市的市级办公中心地区和规模化的城市生活居住片区。龙港组团是葫芦岛城市最早形成和发展的工业组团之一，是城市冶炼工业和港口、造船业的所在地，是城市经济发展的重要功能片区。北港组团目前填海工程正在实施中，并且已经确定为临港工业的重要发展片区。连湾组团功能布局着重考虑该组团远景发展成为城市重要商务商业中心的需要，并以其为核心逐步发展成为市级商贸公共中心	各功能组团相对独立，自身功能完善，联系便捷。但部分组团污染严重且功能单一		
	城市节点	主要集中在龙湾大街、连山大街等重要街道两侧	以望海寺形成的历史景观节点，龙背山公园、龙湾公园、莲花广场、葫芦山庄等形成的自然景观节点体现了葫芦岛的独特城市魅力	现状节点聚集的人流比较多，周边基础设施条件良好		
	城市门户	火车站、汽车站及由外界进入城市的道路交叉口位置	现已形成的城市形象是火车站、汽车站、沈山高速葫芦岛出入口	城市门户形象是人们进入城市的第一印象，出入口应当加强建设		

域形象。规划了自然生态游览线路和人文古迹游览线路，同时考虑葫芦岛在发展辽西旅游中应具有的地位和贡献，达到出关旅游第一市的战略目标。

（2）河川景观风貌

①河川轴的培育与打造

打造亲水的公共空间、推进沿河各种绿化、设计滨河步行空间、塑造自然型群落景观。

②控制沿岸建筑物建设

严格控制河岸两侧的建筑高度、体量和色彩与风貌区协调统一，建议制定法规，进行强制性管理。对于重要的河川轴，影响视觉的建筑物要经过审批方可建设。

③岸线资源利用

结合海岸线线的功能用途，进行多样性的景观

塑造，形成城与海的结合、水与绿相映的线性城市空间意象。

表2 河川风貌控制

类型	名称	实施策略			
		蓝线控制	保护	培育	创造
生态型	五里河	城市建成区范围内河道及其两侧各30m范围；建成区外河道及其两侧各50m的范围	★★★	★★	★
	月亮河		★★	★★★★	★★
绿化型	连山河		★★	★★★★	★★
	茨山河		★★★	★★	★★

（3）山体景观风貌

①保护自然山体资源，维护生物物种的多样性。

凡坡度大于25%，25m等高线以上，坡度小于25%，35m等高线以上用地，均不得建设任何建筑

物，划定为山林地禁建区。

②培育自然山体绿地风貌，控制山体敏感带建设。

注重生态植被与水土保持，使植被覆盖率达85%以上。有序控制各项设施建设，并与风景环境相协调。

③创造优美的自然山体风貌，适当开发一些公园、游乐设施。

（4）街道景观风貌

①城市道路按街道性质不同采用不同的设计标准；街廊与界面以交通性和生活性区分。

②交通性道路街廊与界面可适当连续，应以1 000m为界适当安排界面变化点。

生活性道路宜以500m为限，适当增加街角公园和休闲小广场，并安排座椅和休闲设施，并作为防灾用地；

③强化街道特色，已安排的不同树种可作为范例在社区推广，另外亦可开辟"花之道"、"水之道"、"雕塑之道"，突出人居优美环境。

表3　　　　　山体风貌控制

类型	名称	实施策略			
		目标	保护	培育	创造
自然山体风貌	龙背山公园	城市生态公园生态绿肺	★★★	★★★	★
	南山公园	城市生态公园生态绿肺	★★	★★★	★★
	孤山森林保护区	城市生态森林公园生态屏障	★★★	★★	★

（5）高度风貌规划

①沿河岸、海滨向内陆的建筑高度应按梯次排布，即靠近河、海、湖岸边以4～5层为主，个别因调整天际轮廓线的需要建立少量高层，按岸线长度宜控制在12%以下；以200m为界向外升高。

②重要的城市背景山体与森林公园、一般公园的山体，周边建筑高度宜控制在38m以下，38m建筑高度的总量应控制在30%以下（按山脚向外划定200m范围内），其余应为多层建筑。

③规划路网是城市重要视廊，变坡位置应与城市对景山体、海面综合考虑。

（6）色彩风貌规划

①碧海丹檐

考虑葫芦岛滨海特点、气候特征及山水优势，采用蓝色背景下对多层以下尤其是低层建筑屋顶或檐部采用黄红色系，橙红色"图"、蓝色"底"的对比关系，形成葫芦岛城市色彩的主要亮点。

②溢彩岛城

强调城市色彩整体性、统一性的同时，展示城市色彩的多元性。对城市公共设施色彩、城市交通工具色彩、城市广告色彩、城市公共艺术色彩等及部分低层建筑色彩采用高中明度、高彩度的色系，展示城市活力，体现旅游特色。

（7）夜景照明

城市重要路段和重点部位应按规划重点做好反映城市特征的标志性工程的夜景照明。

①滨海夜景照明设计

a.点化亮状

对滨水走廊各景观节点进行点状亮化，重点突

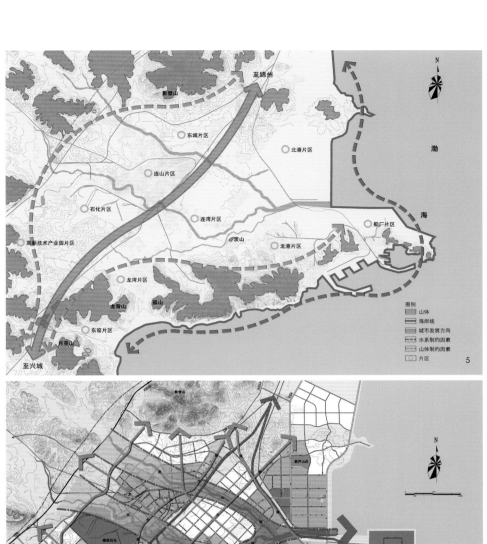

表4 视觉景观控制

序号	视觉景观系统构成		具体内容			备注	规划措施
			名称	宽度	长度（m）		
1	视线走廊	以建筑高度为依托的视线走廊	龙背山公园——孤山		5 780		1.将各视点的建筑高度进行叠加，取低的建筑控制高度； 2.强化道路与孤山、龙背山、影壁山等周围山体的视线联系； 3.在近海区域开展水上活动，创造活力、丰富的眺望大海的视觉层次； 4.尽端在海洋一侧，但不通海的尽端路，应拆除与海洋之间的所有建筑，打开观海通道
			龙背山公园——飞天广场		3 850		
			葫芦岛锌厂——孤山		4 200		
			火车站前广场——影壁山		6 200		
			城市商业中心——锦西石化		3 000		
			城市商贸中心——锦西石化		3 350		
			城市商贸中心——葫芦岛锌厂		5 380		
		以自然景观为依托的视线走廊	连绵的山体				加强对山体绿线的控制
		以自然景观为依托的视线走廊	1.所有通向海滨的城市道路，都是沟通山海的视线走廊； 2.主要视线走廊有：疏港路、文昌路、海滨路、海辰路				局部路段在满足交通要求的前提下，可规划部分景观性步行道
2	视觉平台	重要驻观点（主位景点与区域性驻景点）	龙湾公园、龙背山公园、海滨公园、体育休闲广场、连山河广场公园			有些区域既是重要的景观客体，又是重要的驻景点	以标志性高层建筑为中心，10°角的圆形区域内，应规划一定面积的开放空间
		眺望点	龙背山公园、葫芦山庄				
		标志性建筑物（群）	城市CBD、滨海城市轮廓线、龙湾大街办公建筑群				

出。以园林景观灯、泛照灯光为主，辅以草坪灯、地埋灯进行点缀，强调景观及节点的空间环境和突出地位。

b.线状亮化

对滨水走廊林荫步行道一级岸线进行线状亮化，以庭院灯照明为主，辅以树形灯。如竹林灯等加以点缀，适当运用泛光灯。使整个岸线得到整体亮化，得到灯光倒影的效果。

②滨河建筑亮化

用软管灯勾勒出建筑外围轮廓，在建筑的阳台、挑檐、外廊主要照明，和临河步行道的庭院灯等相互衬托，达到滨水走廊独特的夜间景观。

（8）城市街道家具

充分考虑城市道路的地理历史环境条件，突出城市的地域文化特色，在满足使用功能和观赏功能的基础上，表现城市街道独特的文化品位。

设计时还要结合人的行为特点、心理要求全面考虑，创造出满足人体尺度和行为特点的作品服务大众。

5. 风貌设计导则

城市中重要功能片区是城市中吸引人群、展示特色的重要空间节点。通过功能片区和重点区域两级

环境与设计的控制引导，将形成具有鲜明特色的区域，成为城市总体空间架构与城市风貌结构中的主体部分。

三、结语

城市的风貌特色不是一朝一夕形成的，是经过几十年甚至千百年逐渐形成的，这就要求规划设计者认真研究城市历史，把握好传统文化和自然环境的相关因素，明确城市建设的主题，才能使城市的风貌更放异彩。从城市风貌特色的内涵上看，世界上绝不会有完全相同的城市，那些"千城一面"的城市只是缺乏从深层上对城市历史、文化和环境等因素的研究。只有对影响城市风貌的诸多因素进行充分的调查研究，并用城市规划与设计的手段将其清晰、明确地表达出来，才能创造出有别于其他的城市，给人以吸引力和归属感。

由于城市风貌规划在国内仍属于非法定规划范畴，所以相关于城市风貌规划的研究也一直在不断的推进和探索，并不时的与总体城市设计等相关类型规划穿插类比、相互推进，本文作为探讨性文章、不期能够对城市风貌规划体系进行多么深入的研究，更多期望以实际项目为例、将项目设计过程中的心得与读

者分享，与各位同行进行交流。

注释

[1]葫芦岛市第一山名为首山，即关外第一山之谓；

[2]葫芦岛以锌矿、铀矿等多种资源著称，并有中石油、中石化等大型战略性企业，可谓之黑金涌动，辅以辽阔的土地资源，发展潜力巨大，前程势如锦绣；

[3]葫芦岛山川形胜之地，群山盘龙曲卧，龙首回顾意在护岛恋家；

[4]龙港如巨鲸吞吐四方货物，俨然东方大港之意韵；

[5]中国葫芦岛为出山海关第一市，亦可称为辽西走廊第一市；

[6]岛菊，菊花岛，又称觉华岛，感觉到中华之崛起的浑声；

[7]试看今日之中华，千城处处国之珍宝，培育出亿万贵重人品之精英；

[8]银杏为国之珍稀树种，唯锦州与葫芦岛最多；

[9]杨利伟，生于葫芦岛（原锦西市），是中国第一位太空人，标示家乡城镇必将经济腾飞，人才辈出。

参考文献

[1] 朱旭辉. 城市风貌规划的体系构成要素[J]. 城市规划汇刊，1993（6）：43-57.

[2] 顾鸣东，葛幼松，焦泽阳. 城市风貌规划的理论与方法[J]. 城市问题，2008（3）：17-21

[3] 疏良仁，肖建飞，郭建强，等. 城市风貌规划编制内容和方法的探索[J]. 城市发展研究，2008（2）：15-19.

[4] 王哲，洪再生，周鲁晓，等. 城市风貌规划的实践和探索[J]. 青岛理工大学学报，2007，28（1）：57-60.

[5] 魏抟澧. 关于城市风貌规划的思考[J]. 小城镇建设，2000（10）：28-30.

[6] 李明，朱子瑜. 城市风貌规划的技术解读与思考[R]. 北京：中国城市规划设计研究院.

作者简介

徐 翼，天津大学城市规划设计研究院，规划一所，所长，注册城市规划师。

项目负责人：洪再生 李绍燕

主要参编人员：李冬 徐翼 李晓娟 赵宁 陈彬 雷海燕 郑国颖 张菲菲等

8.龙湾功能片区风貌管理导则
9.飞天广场区域风貌设计导则

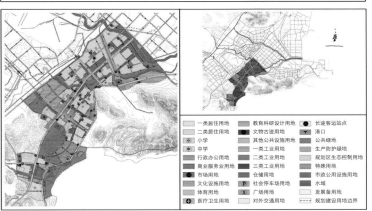

龙湾功能片区风貌管理导则

一类居住用地　二类居住用地　小学　中学　行政办公用地　商业服务业用地　市场用地　文化设施用地　体育用地　医疗卫生用地　教育科研设计用地　文物古迹用地　其他公共设施用地　一类工业用地　二类工业用地　三类工业用地　仓储用地　社会停车场用地　P　广场用地　对外交通用地　长途客运站点　港口　公共绿地　生产防护绿地　规划区生态控制用地　特殊用地　市政公用设施用地　水域　发展备用地　规划建设用地边界

城市形象意向

控制要点：连山组团是集政府综合办公、大型公共服务设施、居住等一体的主要生活宜居片区，建筑应体现时代感，公共建筑体现"绿色、生态"的原则

道路系统

综合性道路　商业办公景观性道路　建筑景观性道路　生态景观性道路　居住景观性道路　高速公路　高速铁路

控制要求：

综合性道路以保证通行能力为主，机非混行，强调街面的连续性，沿街建筑物布置多分体现车行和人行活动的特征；景观性道路强调建筑空间的尺度，注重宜人的街道设施、绿化环境及景观多样性

高度分区

控制要求：

规划以高层、小高层建筑群为主，龙背山公园周边以低多层混合区，强调与自然环境的融合；东窑片区则规划为以中高档居住和公共服务建筑为主的低层、低多层混合区，越是靠近海的地方建筑层数越低，以确保海景的通透

绿地及开放空间

生产防护绿地　公共绿地　体育用地　广场用地

控制要求：

街头广场绿地率不小于30%，与人行道之间不应有高差，如有特殊需要应设置缓坡道；布置足够多的场地设施，包括座椅、垃圾箱等。公共绿地以植物造景为主，具有隔离、装饰、休憩等作用；其主要出入口与交通和人行走向相适应，绿化带的树种选择注重与乔灌木的层次搭配

建筑色彩及风格

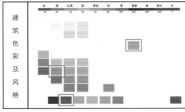

建筑色彩控制要求：

基本色：以中高明度、低纯度的冷色系为主色调，配以暖灰色、暖白色和棕黄色为辅色；辅助色：以暖色为主，在色彩和材料上要体现时代气息，体现现代、丰富的色彩格调。
建筑风格控制要求：建筑应体现时代感，公共建筑体现"绿色、生态"的原则

8

区位示意图

该片区为龙绣街、海飞路、龙程街、海日路所围合的区域，面积约为123ha。该区域内有葫芦岛市重要的标志性广场——飞天广场、莲花广场及主要的人工生态公园——龙湾公园。且未来该区将建成葫芦岛市高端商业休闲购物区，是将开放空间、商业休闲及居住有机结合的城市功能节点，将成为龙湾新区发展的示范窗口。

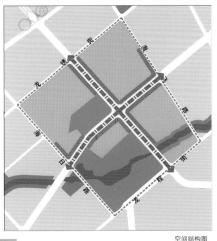

空间结构图

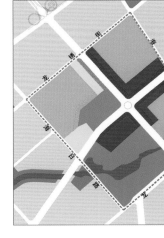

控制要素图

主要结构轴　公共空间界面　开放空间　地块边界　重点高层控制区　中高层控制区　低多层区　混合性界面　居住性界面　地块边界

设计要点

空间格局：海滨路及龙湾大街沿线是城市景观重要控制区，形成区域内"十"字形轴线，大型商业地产在区域内紧凑布局，与广场、公园互相对比，可形成"大疏大密"的鲜明城市形态。

用地功能：该区域强调功能的适度混合发展，形成集商业服务、行政办公、绿化休闲等多种功能的综合设施片区。滨海路两侧以商业或混合功能等公共设施类建筑为主，为两侧居民提供必要的服务支持；龙湾大街两侧以混合功能建筑为主，适当引入商务办公，延续海滨路以南区域的办公功能。

开放空间：龙湾公园与莲花广场共同构成了区域中的主要开放空间，二者为片区及周边地区提供了良好的公共场所。龙湾大街与海滨路作为城市的重要景观路径，应重视街道景观与沿街绿化、建筑景观。

建筑界面：建议该区域中公共界面形成混合性界面。

混合性界面：指建筑底商、办公、旅馆等综合建筑功能形式的界面，商业强度上较商业界面为弱，建议采用下商上宅或下商上办公的方式，可采用顶层退台。

居住性界面：指以住宅为主的界面，建议控制与自然河流、开场空间的通视关系。

建筑高度：沿龙湾大街与海滨路两侧建筑应与道路性质相协调，以中高层建筑为主，高度控制在40～60m。居住建筑以中多层为主，高度控制在24～40m。

9

多维度的城市空间特色规划体系建构
——以仪征中心城区为例

Multidimensional Construct of Urban Space Planning System
— A Case Study on Yizheng Urban Center

陈 超 徐 宁
Chen Chao Xu Ning

[摘　要]　本文以仪征中心城区为研究对象，在城市空间特色规划的过程中探索了一个从多维度研究、分析、建构、引导的认知与规划表达体系，是对构建高品质城市空间的一次富有意义的探索。

[关键词]　仪征；多维度；空间特色规划

[Abstract]　In this paper, Yizheng city center for the study, from exploring a multi-dimensional research, analysis, construction of urban space in the process of planning, the planning guide cognition and expression systems, is to build a high quality urban space rich explore the significance.

[Keywords]　Yizheng; Multi Dimension; Space Characteristic Planning

[文章编号]　2015-66-P-072

1.仪征特色技术路线
2.仪征近现代城市发展演变
3.仪征城市空间特色要素

一、背景

城市空间特色的诉求是城市发展到一定阶段的必然要求。仪征是在不同发展时期下，遗留区域和快速形成的板块组合的"拼贴城市"。从城市空间特色发展来说主要有三个主要背景。首先是作为一个具有完整传统城市格局与特色的城市，其传统特色正日渐衰微，城市格局逐步被蚕食，物质要素保留的越来越少；其次，产业的发展促进城市向现代城市转变，新的城市空间类型不断出现；第三，城市的空间结构面临诸多调整可能。因此，如何合理利用城市空间特色资源，构建具有仪征地域特色的空间特色体系，不但是一个方法的思考，也是一个对现实问题的积极回应。

二、总体思路

仪征城市空间特色资源的诸多要素背后，具有多种交互的影响关系，规划需要对其进行研究与梳理，并最终构建整体空间特色体系，与现有规划体系进行衔接，完成具有控制与引导意义的规划成果。

规划的总体技术路线是构建四个维度的思考路径，首先从认知维度出发，对仪征城市空间特色及优势进行整体认知；其次是研究维度，分别从历史演变、禀赋资源、规划诉求、资源评价等分维度进行研究，构建影响城市空间特色的主要要素；第三是规划维度，从定位内涵、规划体系、主题空间等分维度整体建构；第四是引导维度，对重要引导内容分别从空间、管理、实施、经济四个分维度提出要求。

三、认知维度——仪征城市空间特色的切入

认知是方法的起点，对仪征城市空间特色的认知是从一系列概念和关键词开始，进而分析其城市特色的显著特征。

1. 概念认知

城市空间特色是城市空间表现出的个性特征，在一定地域范围内具有层次性和特征性，甚至是独有性。通过文献的梳理，明确了仪征城市空间特色规划的性质和任务。

2. 仪征认知

分析发现、仪征作为"现代化滨江生态工业城市"这一描述，具有多重身份的集成：滨水城市、工业城市、历史名城、生态城市，在区域位置、自然资源、历史文博、区域经济、民俗文化等方面具有特征性的标签，也是形成对仪征第一印象的主要特色。

表1　　仪征城市特色简要

分类	内容
区位地理	地处长三角地区顶端、水陆交通网；是宁、镇、扬"银三角"地区的几何中心
自然资源	仪征有"中华芍药第一园"；茶叶：绿杨春、登月、皓茗等品牌；药用植物最具特色、品种多；雨花石产量约占全国总量的90%，为全国最大的雨花石产地。所产雨花石之质、形、纹、色、呈象、意境六美兼备
历史文博	宋时就有"风物淮南第一州"的美誉；古代运河沿线重要的商业城市，真州往来几经秋，风物淮南第一洲"；明代的重点商业城市之一，真州八景享誉古今；古文诗词作品众多；历史名人：吴熙载、盛白沙、盛成、厉以宁、戴相龙、侯宜中、许叔微。世界上最早的园林著作——《园冶》诞生地
区域经济	江苏省五大重点经济发展带之一；全国重要的化纤、汽车、化工工业基地
民俗文化	特色物产：特色风鹅

3. 特色研判

作为滨江生态城市：仪征保存较完整的古运河及水系格局，且与城市空间的关系较为紧密；城市与滨江环境具有紧密的联系。

作为特色工业城市：全国最大的现代化纤原料生产基地、特色的化工与汽车产业。

作为历史文博城市：宋代具有"风物淮南第一洲"的美誉，明代是全国十五个重要工商业城市之一，大运河的中运河段最南端节点、重要的枢纽码头城市；世界上最早的园林著作《园冶》诞生地；保存的鼓楼是江苏省现存三大鼓楼之一；全国最大的雨花石出产地，占全国的90%；中华第一芍药园。

作为现代宜居城市：宜人的城市尺度；特色的城市风貌街道。

四、研究维度——城市空间特色的影响与形成机制

1. 历史研究

元代以后仪征城市建设基本固定范围，明以后的城池范围及周边水系关系基本可考证，这时期的城市格局讲究形胜观念。从明代开始江边的码头极为繁荣，吸引大量人口外迁至江边一带居住，形成"一城一港"的格局。鼎盛一直延续到清代道光票盐制改革，码头仍作为货物集散地延续到民国后期，建国后由于交通和大型项目建设，城市格局呈现剧烈的变动。

通过史料的对比、历史地图与现代测绘地图信息转译的方式，将现有水系及城市格局进行对比，还原了明清城池重要建筑的位置及真州八景的位置，如天池玩月、泮池新柳、城门等。历史研究对城市空间特色要素的组织和构建提供了历史依据。

2. 规划诉求

《仪征城市总体规划》确立了城市的性质及组团带状的空间结构，对重要道路、湿地、绿化廊道、片区、文物古迹、景观轴线、重要界面等提出了原则性的要求，这些要求基本确立了城市各类要素的布局与结构。

《仪征市城乡统筹规划》、《仪征空间发展战略规划》及《仪征绿地系统规划》分别对生态景观结构、沿江岸线利用、生态园林城市体系、绿道式绿地系统等提出了系统解决方案，具有很强的指导意义。具体地段的详细规划或城市设计分别探讨了地段的空间构建策略，是规划诉求下的具体深化。

各层面规划的要求基本在总体规划框架下展开，确立了比较统一而且详细的控制框架，总体规划层面的要求较为细致，各类要素的组织也较为全面。

3. 资源梳理

山水格局：水系纵横相连密度高，但综合利用不足，公共性不高，且保护力度不足，存在普遍的污染问

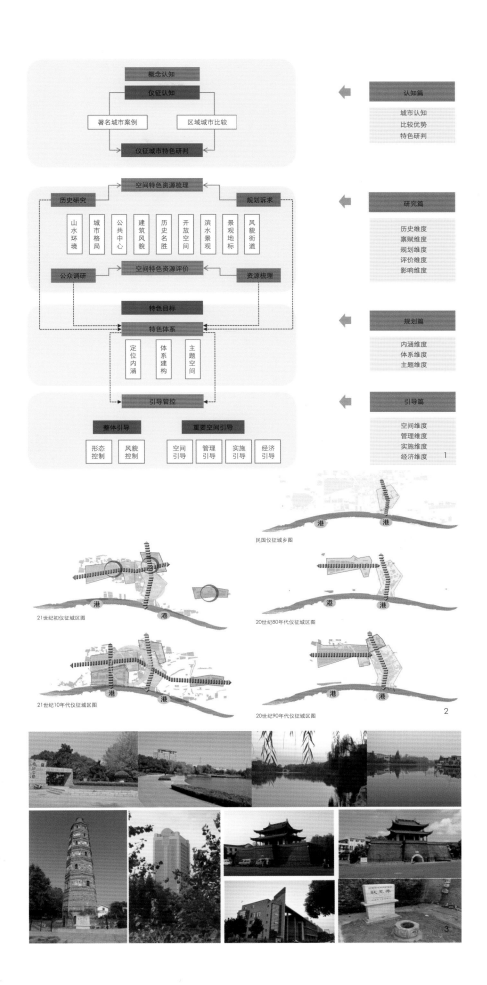

民国仪征城乡图

21世纪初仪征城区图

20世纪80年代仪征城区图

21世纪10年代仪征城区图

20世纪90年代仪征城区图

理想空间
IDEAL SPACE

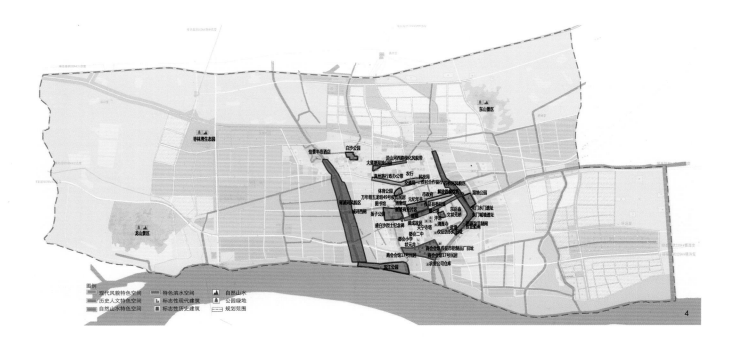

4.仪征现状空间特色资源分布图
5.仪征城市空间特色资源评价图
6.仪征特色空间规划结构图
7.仪征特色空间布局规划
8.仪征风貌控制规划图

题。老城的山体基本消失，周围的龙山和东山山体破坏较为严重。

城市格局：整体格局为两条重要轴线、三个城市核心、三个重要节点、五个区域、四个重要界面，总体上格局较散，轴线与节点、核心之间联系不足，区域的聚集程度弱，边界破碎、网络不全。

公共中心：主要是鼓楼国庆路商业中心、万年路现代商业中心和仪征化纤生活中心，代表了不同层级和类型的商业服务中心，但城市的中心布局较散，环境较为杂乱。

建筑风貌：特征显著的风貌建筑群，一是在城市中心的仪城河两岸，具有传统风貌韵味，另外一处保存的是传统民居风貌，位于大码头及天宁寺塔传统风貌区，主要存在风貌较为杂乱、物质性衰败与传统风貌衰退的问题。

历史名胜：目前东水门遗址、鼓楼和天宁寺塔为省级文保，其他11处为市级文保及若干列入保护名录的建筑，空间分布上以城南河城东为主，大码头最集中。

开放空间：以自然山水、公园绿地和特色绿地组成，如滨江公园、扬子公园等，空间分布不均衡，连续性不强，环境设施缺乏，位于中心区的开放空间则使用过度。

景观地标：分为标志性现代建筑和标志性历史

建筑，结合问卷调查，具有显著性的是怡景半岛酒店、图书馆、博物馆、鼓楼和天宁寺塔。

风貌街道：仪征城区有若干条风貌宜人的街道，在绿化配植上以一种乔木为主要类型，形成具有和谐尺度的城市景观，七条路以梧桐树为主，另外还有道路种植广玉兰、香樟、柳树、雪松、柏树和无患子。

4. 资源评价

从资源自身特色、独特性与影响力、区位条件、公众认知度、组合性和可塑性六个方面等方面构建资源评价框架体系，并对仪征的空间特色资源进行评价，将各类资源分为标志性特色资源、优势特色资源和基本特色资源。

标志性特色资源是见证城市发展、在一定地域内具有影响力的资源；优势特色资源是在城市的主要发展脉络上的资源；基本特色资源是在一定片区或地段具有带动性的资源。

五、规划维度——城市空间特色的建构机制

1. 定位与内涵

以构建现代宜居、滨江生态、特色产业和历史文博名城为规划目标，将仪征的城市空间特色阐述为：西胥浦东仪扬，携生态江城；北鼓楼南码头，伴

现代新都。

表2　特色资源

特色资源等级划分	资源类别	资源名称
标志特色资源	自然生态资源	龙山景区、仪扬河、胥浦河、仪城河、扬子公园
	历史文化资源	大码头传统风貌区、鼓楼、天宁寺塔
优势特色资源	自然生态资源	长江、石桥河、滨江公园、湿地公园、仪城河绿带、仪扬河石桥河绿带、胥浦河绿带、滨江绿带、人民路、工农路、国庆路、大庆路梧桐树街道绿化
	历史文化资源	仪城河两岸传统风貌区、天宁寺塔传统风貌区
	现代城市风貌	国庆路商业中心、怡景半岛酒店、图书馆、博物馆
基本特色资源	自然生态资源	东山景区、白沙公园、大蒲塘公园、泮池公园、沿山河西路绿带、环北路绿带、真州西路和大庆路交叉口街头绿地、前进西路和大庆路交叉口街头绿地、健康路盐塘桥街头绿地、健康路、白沙路、浦东路街道绿化
	历史文化资源	古城格局、东水门遗址
	现代城市风貌	万年路现代商业中心、仪化生活中心

西胥浦东仪扬，携生态江城：胥浦河与仪扬河是仪征历史上具有重要地位，也是现代城市的重要生

074

态基底。两条河流与多条水系交汇,也是形成新城市格局的重要过渡带,两条河流与长江共同构建生态型滨江城市的空间骨架。

北鼓楼南码头,伴现代新都:鼓楼和大码头是仪征的两个重要城市名片,是仪征从古代城市走来的重要信使,也是构成现代城市的重要组成部分,新城中心在发展轴线上都与之有不可分割的联系,是构成仪征传统与现代并存的城市形象的载体。

2. 体系建构

通过以上的研究,设计中对空间特色体系构建的因素——空间特色资源要素、历史信息转译与表达、规划引导空间要素、公众感知的空间要素、现代特色要素进行叠加,进而形成仪征城市空间特色的结构:两轴、三区、四带。

两轴:国庆路城市景观轴、真州路城市发展轴;

三区:城市中心区、外围产业区、外围生态区;

四带:胥浦和风貌带、仪扬河—石桥河风貌带、仪城河风貌带、沿江景观风貌带。

特色空间布局的类型主要包括:现代风貌、历史文博、自然山水、公园绿地、滨水廊道、产业空间、特色街道。

3. 主题空间体系

(1)现代宜居特色空间

疏朗贯通的特色道路体系:按照绿化防护道路、特色绿化街道和声音特色街道进行布局,提出打造特色风貌的要求。

分类引导的门户空间体系:按照高速路绿化景观门户、城市公共服务景观门户和综合景观门户进行布局,提出不同门户节点的具体要求。

(2)滨江生态特色空间

网络交织的特色开敞空间体系:通过点状公园、街头绿地、广场,线性道路和河道绿化,面状山体和湿地作为空间特色内容,提出分类引导的策略。

节点强化的滨水特色空间体系:根据仪征城市已有的主要水网胥浦河、仪城河、仪扬河以及滨江沿岸引导控制仪征市区滨水空间体系,在水网交界处突出滨水主要绿化节点形成滨水绿化空间。

(3)产业城市特色空间

分区引导的产业特色空间:按照产业门类划分不同类型的产业区特色空间,如化工园区、汽车工业园区和高新技术园区。

(4)历史文博特色空间

板块聚合的历史文博特色空间体系:根据资源的空间特征,形成仪征化纤工业遗产、滨江船舶文

化、鼓楼—仪城河两岸传统风貌区、天宁寺传统风貌区、大码头传统风貌区和东门遗址。

六、引导维度——精细化的城市空间特色管控

1. 整体引导

城市高度形态控制引导：根据总体规划的要求和各类规划的研究成果，确定仪征城市整体高度控制分为六个层次。

城市整体风貌控制：根据仪征现存风貌特征，整合定位要求，将城市整体控制为六个风貌区类型：特色文化风貌区、老城风貌区、新城风貌区、工业遗产风貌控制区、产业风貌控制区、景观控制区。并对每个风貌区的风格进行界定，如特色文化风貌区整体风格为古韵、文化。

城市色彩整体控制：与风貌区划分相一致，提出各类风貌区的色彩控制要求，并提供仪征城市色谱图，建筑色彩分为建筑主色和辅助色两类。如特色文化风貌区以反映古城建筑及风貌为主，以灰色为主要

表3　仪征城市风貌与色彩引导

风貌区	建筑主色	建筑辅助色	风貌控制要求
特色文化风貌区			以反映古城建筑及风貌为主要特点，以灰色为主要色调，搭配其他古建筑的色彩
老城风貌区			以现代简洁的浅色系为代表，反映时代脉搏
新城风貌区			以简洁明快的色彩为主，体现新建筑新材料的特色
工业遗产风貌控制区			以保持不体现原工业建筑的色彩为主，另外在改造过程中增加亮色
产业风貌控制区			以明晰简洁的材料色彩体现工业建筑的色彩感不体量关系，取得不环境的融合
景观控制区			主要是开敞空间等的景观建筑，宜采用明亮丰富的色彩，活跃空间气氛

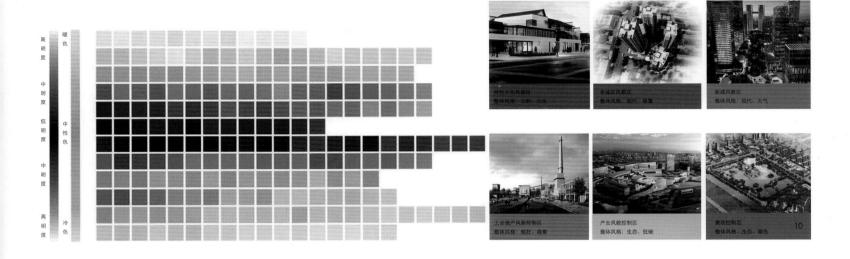

9.大码头历史风貌区整体风貌
10.仪征城市风貌与色彩引导图

色调，搭配其他古建筑色彩。

景观地标体系控制：景观地标分为四类。门户地标承担对外展示仪征形象，表达特定地域文化特色的功能，以现代建筑及其环境组合为主；历史古迹地标以保存具有特色的历史古迹，保护历史记忆为主；现代新建筑地标以精致大气的设计感及运用现代材料为主要特点，以高层公共建筑及其组合为主；特色风貌区地标以统一风貌、具有特色的区域为代表，展示城市建设及发展的重要痕迹。

2. 重要特色空间引导——大码头历史风貌区为例

（1）空间引导策略

引导范围：北至扬子西路、西至大庆南路、南至沿江高速公路，面积66hm²。

主题与定位：展示传统老城风貌的城市生活中心，城市新兴休闲生活目的地。

特色与优势：仪征历史风貌集中区，历史遗存集中地，码头文化集中展示地，运河聚落型遗产地，社会文化记忆归属地。

主导功能：传统风貌的保护与展示、重要的休闲商业集中区、公益性文化活动场所。

结构与构成：一个传统街道保护轴、一个漕运文化风貌休闲带、七个功能片区，民俗文化片区、游憩购物片区、休闲娱乐区、生活街坊片区、商务创意片区、餐饮美食片区、文化居住片区。

（2）管理引导策略

保护与控制：划定风貌区保护范围，包括历史风貌保护区、历史风貌保护单元和历史风貌协调区。

界定保护要素：包括街巷格局、文保单位、历史建筑、古树木及其他遗存等人工环境，还包括节庆习俗、人物事迹、文化渊源及文学艺术等人文环境。针对不同的保护等级，采取的不同保护与整治方法就分为修缮、维修改善、整治与改造及保留等。

空间形态：整体以低层、多层开发为主；除文化居住区按照4～6层进行开发控制外，其他地块以2～4层进行控制开发，以保持街区空间形态的完整性。

建筑控制：老建筑改造以传统工艺及风貌元素为主，保留原建筑的风貌特色，开可以适当增加现代材料进行修缮。新建筑设计以新中式为主，继承与发展院落的布局，样式风格更加简化，材料结构更加现代，建筑色彩以清新素雅为主。

开放空间：突出商业性与游憩性的结合；突出"场"系统作为主要的开敞空间形式。

景观环境：协调历史风貌，突出传统种植景观习惯，展示地方习俗；新建景观环境重视文脉的延续与互动；注重新旧肌理对峙与融合。

（3）经济与实施引导策略

开发时序：沿江高等级公路沿线绿化景观一期开发，提升城市形象；二期应在保护历史要素及风貌的基础上逐步更新老街的功能，提升商业氛围；最后适时对周边的居住和工业用地进行改造。

开发模式：政府先期投入绿化、道路及环境整治，搬迁仓储等功能，周边地块功能置换后，进行绑定开发，平衡资金，开配套一定社区服务功能。

七、总结

吴良镛先生认为城市特色可表现为历史的、传统的，也可表现为新兴的、时代的，提倡城市特色的丰富内涵。通过对仪征市城市空间特色的规划实践与思考，更加认识到一个城市在发展过程中的复杂性，生态、特色、宜居、现代这些已经成为当下城市的基本追求，如何在城市建设中处理其相互关系，使其在城市中融合、成为城市肌体的一部分，不但是本规划的追求，也是当下所有规划师应思考的问题。

作者简介

陈　超，江苏省住房和城乡建设厅城市规划技术咨询中心，城市设计所所长；

徐　宁，江苏省住房和城乡建设厅城市规划技术咨询中心，城市规划师，城市规划硕士。

城市片区及新区层面
Urban District and District Level

文化新客都，生态江南城
—— 梅州市江南新区城市设计

Cultural New Capital of Hakka, Eco-friendly Jiangnan City
—Urban Design of Jiangnan New Area in Meizhou

哈俊鹏 李建玲 于洪蕾 李 健
Ha Junpeng Li Jianling Yu Honglei Li Jian

[摘　要]　城市风貌特色是人们了解一座城市的开始，其正在发展成为政府管理城市的重要方法和参与全球化竞争的有利武器。本文通过对梅州市江南新区城市设计的研究，探讨了生态与文化在塑造城市风貌中的作用。

[关键词]　梅州；生态；客家文化

[Abstract]　Urban Feature is the beginning of knowing a city, and it is becoming the important methods and useful weapon when dealing with city managing and global competition. This essay discussed the effects of ecology and culture in building the Urban Feature, through the research on Urban Design of Jiangnan New Area in Meizhou.

[Keywords]　Meizhou; Ecology; Hakka Culture

[文章编号]　2015-66-P-078

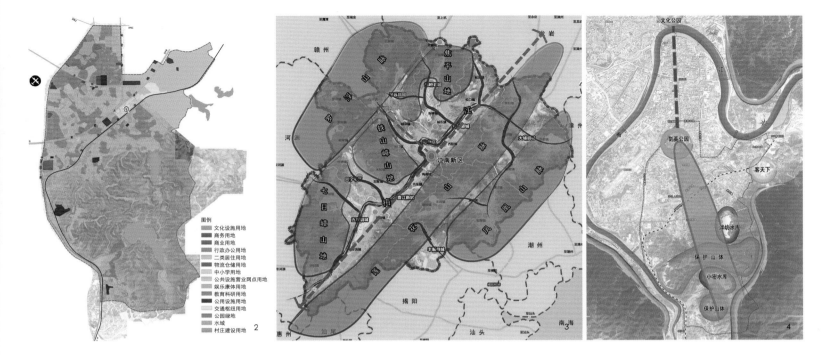

1.夜景效果图
2.现状用地图
3.广域现状山水格局
4.规划区现状山水格局

一、项目背景

梅州南部紧邻潮汕沿海地区，北部紧邻中部赣南地区，属于典型的次沿海地区。近十年，随着泛珠三角经济区的建设，提升了梅州的区域地位；我国强化粤港澳合作，并通过设立海西经济区推进闽台地区的合作，而香港、台湾作为主要客家分布地区与大陆合作领域得到进一步拓展，以生态和文化为特色的梅州将迎来更多发展机会。

为促进省内区域均衡发展，广东省出台了一系列支持珠三角以外地区发展的相关政策，其中与梅州相关的有《中共广东省委、广东省人民政府关于推进产业转移和劳动力转移的决定》、《中共广东省委、省政府关于促进粤北山区跨越发展的指导意见》等。近年来整个潮汕地区的发展对于推动粤东地区发展、促进广东省区域均衡发挥了重要的作用。梅州通过与潮汕地区的紧密合作，对于带动整个粤东北地区的发展、进一步推动广东省区域均衡发展具有重要意义。

二、项目定位：绿色战略引导下的世界客都

通过对梅州市域空间结构及发展战略研究，梅州中心城区在产业上要大力发展都市工业，以绿色新型工业园区的形式进行布局，避免对居住等其他功能

的干扰；旅游上要引入和培育具备影响力的"城市事件"，以"世界客都"提升城市服务水平和能力。整合梅江沿线旅游资源，融合古今风貌，营造滨水绿化，突出"梅城赏梅"主题，强化"梅州印象"；文化上要整合资源，将梅州市区打造为世界客家人的经济、文化和社会交流中心；空间上需拓展中心城区空间，将梅县县城及梅县的西阳、南口、城东、长沙、梅南镇区、畬江新城、雁丙新城纳入中心城区发展范围，构建大梅州市区。

三、现状特点

1. 城市现状

本次规划范围大部分位于中心城区南部，是城区重点发展地区，规划区面积为23km²。梅州市是典型山区丘陵市，区内山体延绵，且森林覆盖率较高。梅州市重要的绿化核心——剑英公园位于规划区西北角。公交站场位于广梅汕铁路与客都大道之间。铁路以南，地势较为复杂，以山地为主，拥有两处水库，泮坑水库和小密水库。其中泮坑水库周边已形成旅游区。众多民宅位居其内，以围屋居多。规划区内城市建设用地主要是居住用地、公共管理与公共服务用地、商业服务业设施用地及公用设施用地。梅州火车站位于规划区中部。规划区内拥有两处水库，泮坑水

库和小密水库。梅大高速南面地势起伏，拥有众多山脉，自然环境良好。

梅州市居住的人口多为汉族客家人，是当今世界上最大的客家人居住集聚地。梅州市是著名的侨乡，全市旅居海外的华侨和港澳台同胞约230万人。梅州还是有名的文化之乡，"世界客都•文化梅州"品牌基本形成。规划区内拥有大量围龙屋，集聚了客家文化精髓，从建筑风格到民风民俗，处处展示了客家的人文历史，是客家文化的重要象征。

2. 山水格局现状

梅州素有"八山一水一分田"的说法，市域范围内山脉分布广泛，地势北高南低，山系主要由武夷山脉、莲花山脉、凤凰山脉等三列山脉组成。有梅江水系穿流其间，形成"山环水绕、绿色围城"的山水田园格局。江南新区背靠莲花山脉，毗邻梅江，山环水抱的山水格局优势凸显。

基地内主要山体分布于南部，属于莲花山脉。山体与小密水库、泮坑水库构成南部良好的自然生态环境；基地北部的剑英公园与梅江北侧的文化公园通过景观大道连为一体，但与南部关系较为割裂，与山体水系缺少联系。

江南新区地处梅州盆地中部，梅江南岸。地貌特征为盆地、低山丘陵。新区内现状植被盖度可达70%

新客家公社
梅州新侨城
客都文化公园
企业文化休闲
梅州文化创意产业区

5

6

7

5.文化区功能分区
6.生态格局
7.高铁枢纽服务区
8.总平面图

以上，北部现存大量水塘。区内北侧的剑英公园，南侧的泮坑水库、小密水库水域宽广，水质秀美；南侧山体原生态保育良好，判读为本区域的生态源。

四、核心议题

在梅州城市转型，跨越式发展的前提下，规划区作为未来梅州城市两大主核心之一，面临诸多问题与挑战。

（1）如何体现江南新区的核心价值？

（2）如何通过规划实现城市土地价值的提升？

（3）如何体现绿色交通下的城市交通组织？

（4）如何延续传统客家文化的同时展现现代城市特色？

（5）如何通过产业布局使城市功能更加合理？

（6）如何在生态安全的基础下进行城市安全格局的规划？

（7）如何通过规划设计体现城市形象？

五、规划策略

1.生态策略：构建城市生态安全格局

（1）总体策略

为实现生态资源整合配置最优化，土地使用价值最大化，空间景观呈现最佳化的生态景观规划目标，我们秉承生态与人文的设计理念，整理优化江南新区的生态、景观和人文资源，构建江南新区精明保护的生态环境，高效利用的山地丘陵。

（2）生物安全格局

通过在核心栖息地建立生物迁徙廊道，以及在较远的栖息地斑块间建立湿地、林地跳板（战略点），完善整体景观结构，最终形成由源、缓冲区、廊道、战略点共同形成的生物保护安全格局。

（3）游憩安全格局

游憩安全主要保护地域文化及景观体验过程的完整性和连续性。建立便捷、安全、连续的游憩系统。以泮坑水库和小密水库为主要景观要素。利用河流水渠、湖泊湿地、防护绿地作为其游憩线形元素，将游憩景观元素连接形成游憩网络。并根据廊道的重要性和构成密度形成不同级别的游憩安全等级。

（4）防洪安全格局

梅州市总体规划（2011—2020）中对江南新区东北侧沿梅江区域防洪标准定为50年一遇，对江南新区西南侧临近梅江的区域未予考虑。江南新区城市化后由于硬质地面增加，具有滞纳雨水功能的林区面积相对减少，势必面临较严重的洪涝问题。规划建议将江南新区长沙镇防洪标准提升至50年一遇。通过对规划水系的20，50，100年一遇的淹没区域分析得出潜在的蓄滞洪空间。建议江南新区内三条主要水系，防洪标准按50年一遇标准设计，区内涝标准按

20年一遇标准设计。

（5）水生态系统构建

江南新区现状水体多集中在北部，南部泮坑水库和小密水库。利用ArcGIS平台对现状地形进行雨水径流分析，得出水系联通规划预案，并构建嵌入城市的景观河漫廊道。

河漫廊道为轴——北部泮坑水库至剑英公园水系为重要的生物栖息地与物种迁移通道，承担景观游憩功能，其东北侧支流主要承担泄洪功能。湖泊、水库为核——以剑英公园、泮坑水库及小密水库为区域水系核心，在其间穿插设置人工湖泊，在蓄滞洪水、保证生态平衡的同时，起到营建景观的效果。

2.文化策略：客家文化植入，筑造城市新活力

（1）文化符号表达，树立客家形象

通过客家特色的建筑及石雕等艺术作品表达客家文化的内涵，通过雕塑广场、主题小品、音乐喷泉等景观形式，体现客家人正直勇敢，艰苦奋斗，脚踏实地的民族精神。提炼客家文化的符号元素，建立客家艺术风格体系，融入现代城市特征，旧语新说，树立梅州作为世界客都的代言形象。

（2）传统文化形式再现，打造客都品牌

《印象·丽江》，一部带有强烈的地域特色的歌舞大剧，让世界认识了美丽的云南古城，向人们展示了纳西族人民的民俗风貌，并让人们亲身体验了人居

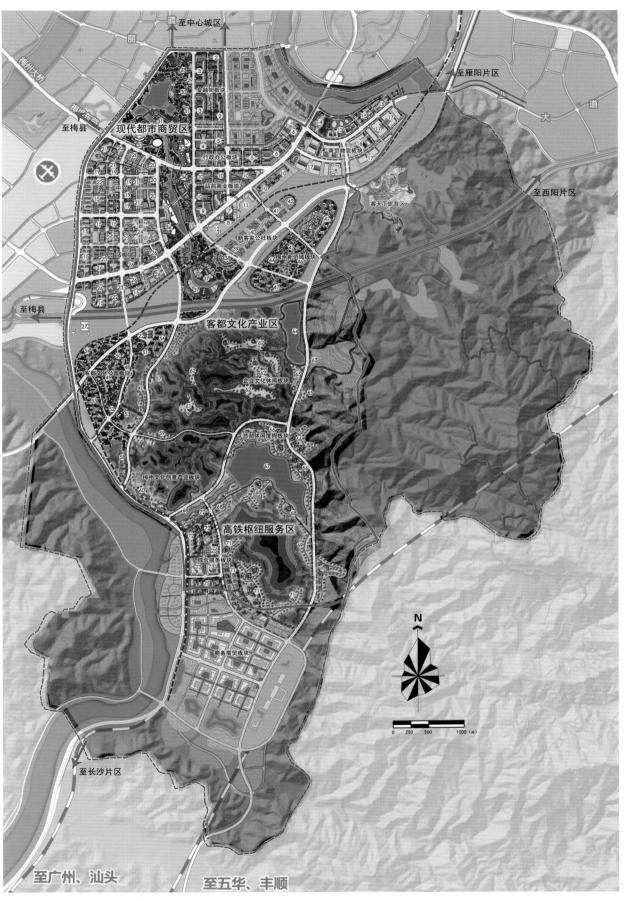

至中心城区

至雁阳片区

梅州大桥

至梅县

现代都市商贸区

金融街板块

行政办公板块

商贸物流板块

站前商业板块

商务商业中心板块

新客家公社板块

至梅县

客都文化产业区

客都文化公园板块

企业文化休闲板块

总部休闲度假板块

梅州文化创意产业板块

至西阳片区

高铁枢纽服务区

综合商务板块

商务商贸板块

N

0 250 500   1000（m）

至长沙片区

至广州、汕头   至五华、丰顺

图例
1.特色金融街
2.沿街商业
3.酒店式公寓
4.行政中心
5.其他配套办公
6.配套商业办公
7.站前广场
8.火车站
9.站前商业
10.商住综合体
11.长途汽车站
12.公交总站
13.商贸服务中心
14.污水处理厂
15.配套居住
16.物流服务中心
17.仓储厂房
18.公交修理厂
19.商务办公
20.商业办公综合体
21.商业休闲综合体
22.小学
23.社区中心
24.特色商业街
25.中学
26.综合商住
27.保留粮仓
28.红色革命纪念广场
29.红色革命展览馆
30.叶剑英纪念碑
31.生态景观公园
32.市政办公大楼
33.城市体育馆
34.音乐厅
35.美术馆
36.影剧院
37.水上嘉年华
38.会展中心
39.商务会所、酒店
40.综合服务中心
41.科技教育园区
42.科教媒体园
43.客家民居保护区
44.福禄荟古民居特色商业街
45.新客侨鹏名人堂
46.新桥城综合服务区
47.新桥城居住组团
48.梅州客都博物馆
49.客家民俗文化馆
50.梅州书院、客家名人馆
51.客家建筑主题馆
52.客家山歌艺术馆
53.客家宗祠、族谱馆
54.客家文化基金会
55.文化公园居住组团
56.综合服务中心
57.制造加工区
58.创意产业展示区
59.科技研发产业区
60.梅州动漫产业区
61.梅州文化媒体园
62.企业文化会所
63.泮坑旅游区
64.泮坑水库
65.旅游综合服务区
66.总部度假会所
67.小密水库
68.养生娱乐会所
69.餐饮服务区
70.小型商务会议区
71.总部经济综合办公区
72.总部生活区
73.社区服务中心
74.市民广场
75.总部配套公寓

8

自然的生活情趣，震撼精美的自然画面及纳西人的淳朴民风都给人留下了难以忘怀的深刻印象。

一个品牌塑造一座城市，梅州拥有丰富的客家非物质文化和承续传统的生活方式，保留了原汁原味的客家生活习俗，是生活中的"客家词典"。同时，梅州还拥有优质的原生态山水环境，这迷人优雅的风光景致，加上丰富动人的民俗风情，都是梅州作为世界客都的宝贵财富。通过再现民间传统民俗文化形式，打造富有客家特色的文艺节目或影视作品，在国际化的舞台上推广客家文化，扩大客都梅州的品牌效应及文化影响力。

（3）客家传统文化传承与创新

传统客家文化讲求包容，正是迁移过程中不断与地方文化的融合才造就了客家人所独有的文化，体现出"海纳百川，有容乃大"的文化内涵。

如今，伴随着城市现代化与国际化的进程，客家文化面邻着多元发展的机会与挑战，继承传统并赋予创新是世界客文化传承发展的必经之路。

六、规划结构："一轴一带三区"

1. 一轴："中央发展轴"

江南新区中央发展轴的布局与结构分为：一脉绿色生态走廊、四大主题串珠成链及多个景观节点渗透。其中，一脉绿色生态走廊是指从剑英公园至小密水库的整体连续的绿轴。四段特色主题区段是指剑英公园红色旅游生态区段、客家文化展示区段、生态娱乐游艺区段、山体景观游览区段、创意产业体验区段。多个景观节点渗透是指将多个景观节点与开敞空间引入城市内部、利用各类生态技术，展示生态理念，形成较高生态价值的中轴线景观，打造都市氧吧，建立人与自然联系的平台。

作为梅州市江南新城"一轴一带三区"基本空间布局的重要组成部分，贯穿整个项目区域，统领各个块功能。依托东侧的山体景观带与西侧的梅江水体景观带。将绿色生态的景观资源渗透进入城市之中，形成自由开敞的城市生态圈。充分利用江南新城良好的生态山水环境，及周边城市现有的发展需求状况深入挖掘花园城市、生态新城的新思路，打造拥有多功能的城市生态及景观中枢。

中央发展轴位于整个规划范围的中心位置，贯穿整个三个区。范围北至丽都路，南至高铁枢纽服务区，宽度达到500m，规划总面积达12.56km²。

2. 一带："文化休闲带"

文化休闲带以发展较为成熟的客天下风景旅游

区为引擎，向西规划拓展，形成贯通梅州新侨城、新客家公社、梅州文化创意产业园及客都文化公园的世界客家文化展示带。

通过"符号化表达、形象性体现"、"多元文化融合与创新"、"非物质文化再现"等多种方式植入客家文化特色，突出文化内涵，塑造城市新活力，打造世界客都的文化品牌。

3. 三区

（1）现代都市商贸区

城市中央发展轴从本区域中央穿过，自然环境优越，景观优美，具备成为核心商贸商务和高端办公的条件。本区域依托国道、城市主干道的交通优势，紧邻中心城区、火车站、机场，拥有优越的区域优势。以现有产业为基础，大力发展金融保险、信息服务、创意设计、商务办公、行政办公、配套酒店等高端服务业，提高区域综合竞争力和现代化水平，努力将该板块打造成江南新区乃至梅州市未来的核心区。

现代都市商贸区包括金融街、行政办公、站前商业、商贸物流、商务商业中心等5个功能板块。体现现代城市的综合职能。贯彻精明增长的城市建设理论，在各功能板块体现复合、多样的功能组合，以促成丰富的城市空间。

（2）客都文化产业区

本区共划分为5个板块，分别为：客都文化公园、新客家公社、梅州新侨城、梅州文化创意产业区及企业文化休闲五大板块。

客都文化产业区位于梅州江南新区中部，范围北至梅汕铁路、南至小秘水库、东至客天下景区、西至华南大道（G206国道），总规划用地为10.55km²。本区域由梅州文化产业带所贯穿，规划形成以客家文化为核心，以创意文化及教育科研为支撑，以旅游服务业发展为载体的梅州客家文化展示区。打造梅州市江南新区以客家文化为基础的集旅游、创意产业及教育研发等功能的综合载体。

（3）高铁枢纽服务区

位于规划区南部，范围包括小密水库及其以南，高铁站以北。西至G206国道，东至山体一侧。规划面积4.92km²。

本区紧邻梅江，自然环境优越，利用现有环境实现"山上拓城，城市掩映在山水之间的理念，同时鉴于未来高铁站建成后必将产生巨大的辐射带动作用，发展空间与层次升级空间极大，站前区域采用高强度的开发，发展空间与层级升级空间巨大，站前区与采用高强度的卡法打造梅州新城市地标与城市形象。

七、小结

全球化与快速城市化造成中国城市的地方特征和城市风貌特色正在慢慢丧失，这成为了我国当代城市需要面临的一个严重问题。因此，城市风貌特色作为极具价值的"稀缺性"资源，正在发展成为政府管理城市的重要方法和参与全球化竞争的有利武器。城市风貌特色是人们了解一座城市的开始，是城市物质形态的外部显现所给人的总体印象，是城市的社会、经济、历史、地理、文化、生态、环境等内涵所综合显现出的外在形象的个性特征。

梅州新区作为梅州城市发展的主核心，肩负起了城市风貌建设的重要使命。生态孕育了城市自然风貌，而文化又彰显了城市的文化内涵和精神取向，本规划着重在生态与文化两方面体现了城市风貌对于城市整体设计的作用，通过客家文化的植入和绿色战略的引导，为梅州找到了一条区别于其他城市的特色发展之路。

作者简介

哈俊鹏，天津大学城市规划设计研究院规划师，澳大利亚昆士兰大学硕士；

李建玲，天津大学城市规划设计研究院规划师；

于洪蕾，天津大学建筑学院城市规划专业博士研究生；

李　健，天津大学城市规划设计研究院规划师。

"山水绿城、人文丹洲"
——山地城市特色风貌的塑造

"Landscape Green City, Cultural Danzhou"
—The Figure of Mountain Cities Stytes and Features

袁 磊
Yuan Lei

[摘　要]　本文通过对宜川县现状风貌特色的综合研究，在充分利用宜川青山环抱特殊的地形地貌和当地民俗文化的基础上，通过对城市民俗文化和自然景观界面的保护利用，景观轴的建设及景观视廊的组织和建筑轮廓线的控制，突出山区生态小城的特色，继承和创造新区多层次、广角度、立体化的山城特色风貌。

[关键词]　丹洲新区；山地城市；风貌特色

[Abstract]　In this article, through comprehensive research about the present situation of YiChuan county landscape features, in make full use of YiChuan mountains surrounded by the special topography and the local folk culture, on the basis of through the protection of city folk culture and natural landscape interface utilization, the construction of the landscape axis and the organization and the building contour lines of the landscape visual corridor control, highlight the characteristics of mountainous ecological town, to inherit and create a new multi-level, wide Angle, three-dimensional landscape of mountain city characteristics.

[Keywords]　Dan Chau District; Mountain City; Landscape Features

[文章编号]　2015-66-P-083

一、引言

城市风貌和城市特色的塑造是当前关注度比较高的话题，中央城镇化工作会议中曾提到要"依托现有山水脉络等独特风光，让城市融入大自然，让城市居民望得见山、看得到水、记得住乡愁"。这凸显了中央对当前规划工作的高度重视，也是建设特色城市、宜居环境的重要依据。城市风貌是体现城市建设、文化内涵和城市环境品质的表象和见证，优美的城市风貌和特色景观不仅能够增强人们对家乡的热爱和自豪感，同时也是推进城市经济和社会发展以及城市建设的重要环境和重要条件。

丹洲新区作为未来宜川的主要新区，面临着重要的发展机遇和挑战，在建设中如何通过规划和管理的手段，打造具有当地文化气息和风貌特色的新区，促进城市健康的发展，成为本次规划的重中之重。在此背景下城市风貌特色研究通过对宜川现状进行分析整理，明确了丹洲新区的风貌特色定位，同时通过对相关要素的梳理，提出了塑造山地城市风貌特色的路径和对策，从而为以后的规划管理提供依据，也希望为同类型的项目提供参考。

二、背景分析

1. 项目背景

宜川县位于陕西省北部，延安市东南部。境内有蟒头山国家级森林公园和被誉为"黄河之心，民族之魂"的国家重点风景名胜区黄河壶口瀑布。距西安364km，距延安160km，309国道、201省道和G22高速在县城内通过，交通发达、运输便利，但城市发展也受到了交通和地形等因素的影响。宜川县已有1 500多年的历史，县城内有诸多龙文化和祖根文化遗迹，《水经注》记载"禹治水，壶口始"，音乐家冼星海创作的《黄河大合唱》也诞生在黄河壶口岸边。解放战争时期，彭德怀元帅、王震将军亲临宜川指挥了以围城打援为特色的宜瓦战役，加快了全国解放进程。同时，宜川还是全国重要的"旅游城市"、"爱国主义教育基地"和"文化城市"。丹州新区位于宜川老城区南部，处于城市主要的南北发展轴上，是县城总规确定的城市主要发展空间，规划用地约为

2km²。基地南高北低，有南川河自南向北穿过，两面环山，海拔在150m左右，是陕北黄土高原的一部分，生态基础良好。基地最南侧为高速出入口，道路交通便捷，是城市对外展示的重要门户。

2. 项目基础条件分析

（1）山、水、城空间格局

丹洲新区的整体格局为"青山环抱、水映山城"的特征，"山"为东西两边的宝塔山和七郎山，"宝塔山"是宜川境内著名的山脉，其山顶有一宝塔而出名，两座山东西对应，成为新区的重要屏障。"水"为自南向北穿越基地的南川河，成为丹洲新区重要的生态景观和城市面向区域的重要景观资源。

（2）历史悠久、文化荟萃

新区地处黄河沿岸，系中华文明发祥地之一。宋太平兴国元年，为避宋太宗赵匡义名讳，义宾县改为宜川县。县域内尚有诸多龙文化和祖根文化遗迹，传说开天辟地始祖盘古曾在此"卜婚"。《水经注》记载"禹治水，壶口始"，民间亦有大禹治水三过家门而不入的传说。词作家光未然、音乐家冼星海创作

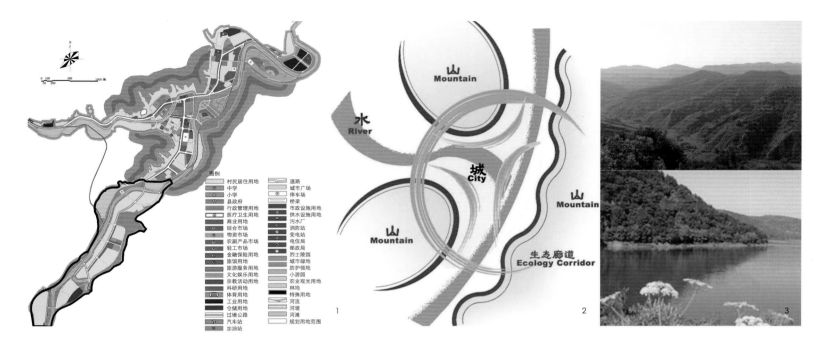

图例
村民居住用地
中学
小学
县政府
行政管理用地
医疗卫生用地
商业用地
综合市场
物资市场
农副产品市场
轻工市场
金融保险用地
旅馆业用地
旅游服务用地
文化娱乐用地
宗教活动用地
科研用地
体育用地
工业用地
仓储用地
过境公路
汽车站
加油站

道路
城市广场
停车场
桥梁
市政设施用地
供水设施用地
污水厂
消防站
变电站
电信局
邮政局
烈士陵园
城市绿地
防护绿地
小游园
农业观光用地
林地
特殊用地
河流
河堤
河滩
规划用地范围

Mountain 水 River 城 City Mountain Mountain 生态廊道 Ecology Corridor

1

2

3

1.区位图
2-3.山、水、城格局示意图
4.总平面图

的《黄河大合唱》就诞生在黄河壶口岸边；解放战争时期，彭德怀元帅、王震将军亲临宜川指挥了以围城打援为特色的宜瓦战役，加快了全国解放进程。同时宜川还有胸鼓、高跷、陕北说书、民歌、唢呐、武术、锣鼓等民间表演艺术，以及剪纸、面花、布艺、绘画、纺织、雕刻、刺绣、书法等，尤以剪纸、刺绣、布艺等民间造型艺术。

（3）民俗建筑、特色风貌

宜川有最具特色的风貌建筑是窑洞，它起源远古，《易系辞》说："上古穴居而野处"，后来经三千年一直沿用至今。窑洞住居有靠崖窑、窑院和箍窑（或写作锢窑）三类。宜川的窑洞便属于靠崖窑洞。现代建筑中部分采用传统窑洞居住方式，具有鲜明的陕西地方文化特色。

3. 主要问题

（1）自然山水利用不佳

目前，新区的基地内零散分布着一些自建型住宅，主要集中于南川河的东岸，对南川河西岸的利用甚少，另外随着新区的不断扩大，城市建设逐渐向东面蔓延，新区临山界面的连续性也受到了一定程度的侵蚀，山谷连绵下来的视线廊道也被阻挡；另外南川河作为新区的重要开敞空间载体也没有得到应有的重视。

（2）历史文化展示不足

新区在发展中对宜川特有的历史文化没有充分的挖掘、继承和展现，破坏了宜川城市特有的建筑肌理，同时不规范的乱建房屋对丹洲新区整体的风貌造成了破坏，不利于城市的记忆、识别和身份感的构建。

（3）民俗建筑保护不够

作为历史建筑仅存的窑洞没有很好的保护利用，而是全部拆除，而采用传统窑洞居住方式具有鲜明的陕西地方文化特色的现代建筑也无一幸免，不利于丹洲新区整体形象的提升和城市特色的塑造。

三、城市意向——"山水绿城，人文丹洲"

在对宜川进行系统的分析与解读后，本次规划提出丹洲新区总体城市意向——"山水绿城，人文丹洲"作为本次城市风貌特色规划的核心理念，打造城市形象，塑造人文景观。

四、设计策略

1. 构建城市空间生态格局

强化"山、水"空间生态格局，规划树立人工与自然景观系统的观念，以生态为本底，做足"依山

兴城、临水建城、生态共生"三方面的文章，确定最佳的"山、水"空间生态格局。

（1）依山兴城

规划设计结合丹州新区的特点，形成依山而建的发展轴带，整个空间结构为"一心、一轴、五片区"，"一心"为丹州新区的中心区，包括行政、商业、办公、娱乐等设施。"一轴"为丹州新区的发展主轴，通过发展轴线来串联整个新区的用地分区，"五片区"为商务办公区（以商业地产、商务办公、商贸服务业、娱乐为主）、生态居住区（以商业、零售业、餐饮业为主）、教育科研片区（以教育产业为主）、特色展示区（以旅游地产、旅游服务、旅游产品研发为主）、商贸服务区（以商品展示、交易、酒店和市场为主）。

（2）临水建城

以南北向的南川河构成了丹州新区重要的水系开敞空间，也是丹州新区最为重要的资源本底，规划充分结合南川河的水景资源，深入挖掘南川河的生态、景观和文化资源，形成城市南北的蓝色脉络，成为新区休闲娱乐的好去处，使新区临水而建，环境优美宜人。

（3）生态共生

规划通过多条通山达水的绿色廊道，将城市的各条功能发展带、南北平行的的山水脉络、各级片区

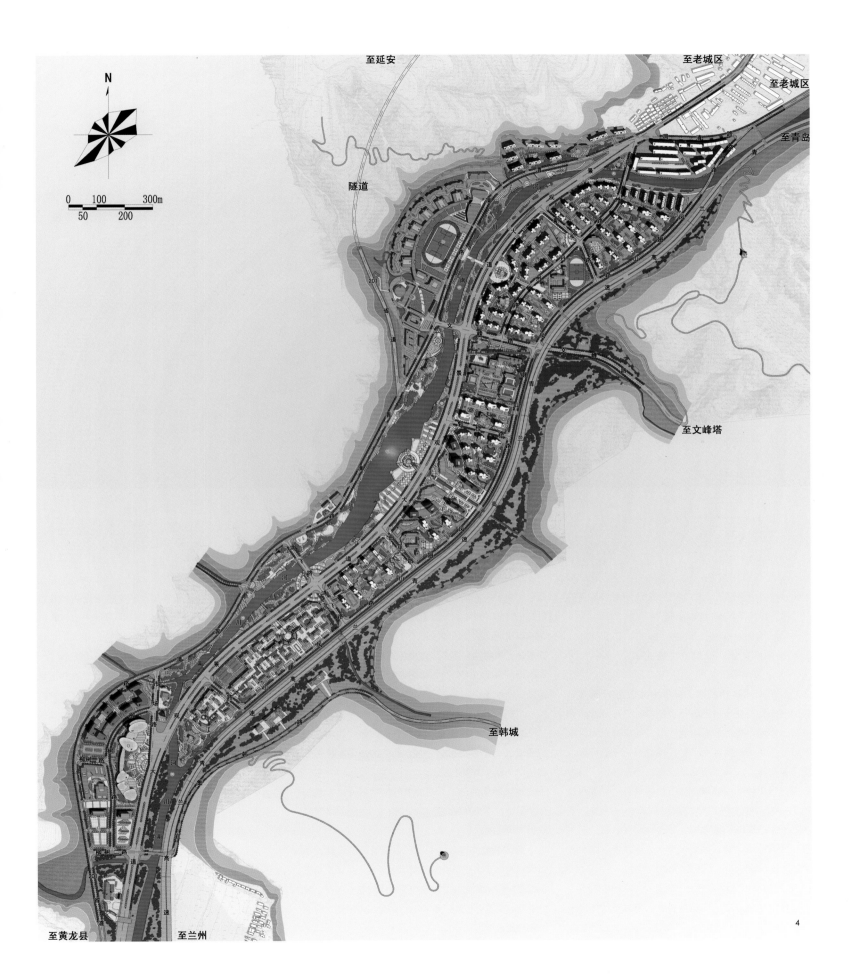

至延安

至老城区

至老城区

至青岛

隧道

至文峰塔

至韩城

至黄龙县

至兰州

5

的公共核心联系起来，形成一张城市生活便捷联系的"绿网"最终达到生态共生的效果。

2. 挖掘地域文化，形成城市特色

（1）城市特色提炼

通过对城市特色的主要要素进行分析总结，我们对主要的城市特色进行了提炼，包括公共空间的塑造和城市特色景观环境的塑造。公共空间是展示城市特色的主要场所，是提高城市特色的可意象性的重要空间。城市特色景观环境主要包括"山城景观"（山体、山体绿化、山体建筑）、"滨河景观"（河面、滨河建筑和滨河公园）、"生态景观"（生态廊道、绿化带、绿地公园）、和"人文景观"（特色建筑、城市雕塑、文化广场、城市雕像和文化活动）。

（2）城市特色保护

城市特色保护主要是保护能体现城市特色的资源条件、自然地理环境及人文环境等，主要包括自然特色的保护、人文特色的保护和人工环境的保护。自然特色的保护主要保护的是南川河—宝塔山—七郎山自然山水形成的自然环境。人文环境的保护主要是在新城建设中能体现历史文化特色的要素。人工环境的保护指丹洲新区特有的山城建筑和与山体形成的特色街道空间系统。

（3）城市特色孕育

城市特色的孕育是一个漫长的过程，是随着城市的成长而不断变化的，丹洲新区的特色孕育主要包括以下四个方面。

城市环境的塑造：形成良好的社区环境，增加公共配套，提高人民生活品质，增加公共活动场所和改善城市环境。

塑造民俗体验区：通过民俗风情街的设置，为当地的民俗艺术品提供交流展示的舞台，结合广场空间设置民俗演艺舞台，定期表演宜川胸鼓、高跷、陕北说书、民歌、唢呐、武术、锣鼓等民俗活动，吸引游客驻足欣赏和体验。

建立宜川中学交流基地：新区建设应依托宜中教育品牌，大力推动教育事业发展，积极开展"教学交流"活动，宣传和促进"学生自主发展模式"，让"教育示范"成为宜川的亮丽名片。

加强对城市特色宣传，取得民众社会的广泛认同：加快城市特色公共空间、特色环境、特色建筑的建设，在新区内形成统一的城市特色风貌，形成强烈的城市个性。城市特色不仅表现为物质形态的特色，更表现为强烈的文化氛围。城市特色是城市的灵魂，加强对城市特色空间的宣传和教育，以使市民对城市特色形成共识，自觉维护和塑造城市特色风貌。

3. 定位建筑风格，塑造景观风貌

（1）建筑色彩

一般来说，和古城不同，现代城市仅用一种颜色难以展示城市景观的多样性，其颜色应该丰富多彩。因为城市是一个多元、丰富甚而复杂的大系统，它不是一个简单的物体，一种颜色不能统领多个不同功能、区域文化的分区。对建筑色彩规划采用分区的方式，中央商务区的商业、办公楼等，其色彩定位为明快的金色、银色等。住宅建筑主要以暖色为主调，希望有清新、温馨的感觉，烘托出轻松、明快的居住氛围。步行街是大型公建办公区与住宅区的过渡，色调选择应与高层办公楼及住宅区相匹配。同时它又是时尚文化流行的购物消费地段，五彩缤纷的建筑色彩也是这一地区应有的色彩。因此整体色调定位棕灰色，局部添加亮色系列。

（2）建筑高度

丹洲新区的高层主要集中于核心区边缘，建筑性质多为行政办公建筑、商业金融建筑和旅馆酒店建筑。规划根据城市开发、城市景观视廊的控制确定丹洲新区的建筑高度分区分为五个层次，即高层建筑发展区、可建设高层建筑区、可建设中高层建筑区、多层建筑发展区及高层建筑绝对控制区。其中高层建筑绝对控制区是指绿地公园、南川河滨水带、宝塔山和七郎山山脚等严禁建设高层建筑地区。

（3）城市天际线

丹洲新区具有良好的自然地形条件，依山就水，建筑的布局必须与自然山体以及自然景观现结合，形成良好的城市天际线。规划主要控制建筑天际线与自然山体的关系，形成丰富多层次的城市天际线。

（4）景观视廊

景观视线廊道是保证城市标志性景观、自然山体和历史建筑等视线通透性，保护城市特色的重要手段，对设定瞭望点到被瞭望点景观视线通廊内的建筑物高度及背景建筑高度进行控制。禁止障碍物进入视线景观廊道内，通过控制可以对周围、前景以及背景实行高度控制。丹洲新区的内部高层建筑要求设置观光层，作为瞭望南川河景观与宝塔山和七郎山的整个城市景观的瞭望点。

五、结语

城市特色风貌的塑造是一个漫长的动态过程，尤其是山地特征的城市新区更需要全面审视地去塑造，而不能只局限于某个环节，通过感知、提炼、保护和孕育的方法多视角协作。关注城市自然环境和历史文脉，尊重城市的独特性和地域性，是我们面临的时代课题和重要任务，我们更应该用全新思维去思考我们的城市和特色，实现"城市，让生活更美好"。

参考文献

[1] 董莉莉，沈平. 山地城市特色风貌的塑造：德国斯图加特城市风貌的特点及启示. 规划师，2013：020.

[2] 何子张. 城市新区建筑风貌规划的必要与可能：厦门新站片区建筑风貌规划的困惑与体验新建筑. 2010

　　（4）：118－121.

[3] 段德罡，刘瑾. 城市风貌规划的内涵和框架探讨. 城乡规划，2011（5）：30－32.

作者简介

袁　磊，上海同济城市规划设计研究院，硕士，副主任规划师，国家注册城市规划师。

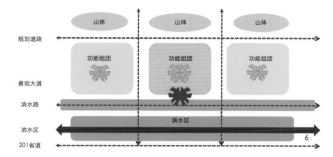

日月同辉　自在水城
——滨州市北海新城核心区城市设计

Urban Design of Core Area in Beihai New Town of Binzhou

杨　婷　刘峻源
Yang Ting　Liu Junyuan

[摘　要]　本文以滨州市北海新城核心区城市设计为例，探讨在滨水区设计中应注意的规划策略和设计要素，为今后该类设计项目提供借鉴。

[关键词]　滨水特色；城市发展引导；规划重点控制

[Abstract]　In this paper, the city core area of Beihai new city of Binzhou for example, to explore the planning strategy and design elements should be paid attention to in the waterfront design, provide a reference for future similar project design.

[Keywords]　Water Front Characteristics City; Development Guide; Planning Focus Control

[文章编号]　2015-66-P-088

1.总平面图

北海新城是山东滨州北海经济开发区的政治经济文化中心，是环渤海区域未来重要的现代化港口新城，是滨州北部重要的经济中心，生态型滨水新城。本规划基地位于北海新城核心区域。规划范围南至潮河，北至新河。规划面积5.63km²，现状是大面积的盐田。平坦的地势、众多的河流，给新城打造独特的"北方水乡"风貌奠定了基础。

新城核心区是其核心功能所在的区域，是整个北海新城乃至整个北海经济技术开发区面貌的体现。

一、规划思想

1. 规划理念

日月湖区域蜿蜒曲折的水系和渗透于大地的绿化延伸，梳理着整个地区的结构。

（1）可持续（Sustainable）

能够成为环境负荷小，提高城市居民生活质量的可持续发展的城市。

"经济"、"环境"、"社会"这三者达到平衡，才能实现可持续发展的城市。

（2）融合（Integrate）

融合城市建筑和自然景观，由建筑、水系及公共空间生长成为有机的城市景观。

（3）低影响（Low Impact）

保护生态等资源，将当地丰富的环境资产传承下一代，与自然"共生"的理念渗透于方方面面的城市。

结合生态保护引入集约型城市（Compact City）和区域能源管理系统（Area Energy Management System）AEMS等，减少对区域内生态环境的破坏，降低能源消耗，对环境的影响降到最低。

（4）水网交织（Knitted Canal）

支撑城市能源系统的水路网环绕着整个城市，构筑了包含水质净化在内的具有自律型循环功能的城市。象征当地丰富水资源的日月湖，成为支撑城市跃动的新的城市基础设施（Infrastructure）。

2. 规划策略

（1）生态引导城市发展（EOD）

以区域性生态系统为基底，以潮河与新河为生态核心延伸水岸，构建多级生态廊道，强化"近河、环湖"的空间格局；

水体、岛屿等生态斑块，结合街道、广场、公园、滨水带等连续的开放空间，提供人与自然亲密接触的丰富体验。

（2）设施引导城市发展（SOD）

该核心区集中了新城的政治、经济、文化中心等重要功能。以大型公共设施的建设作为增长点，带动规划区土地高效有序开发。

（3）交通引导城市发展（TOD）

衔接总规路网，搭建区内外便捷的三级路网系统，促进核心区与城市的融合；

提倡优先发展绿色交通，其中轨道交通、BRT快速公交和常规公交构建三元公交体系；水上交通系统将客运、旅游观光和休闲度假等有机联系。以公共交通的可达性带动服务产业的发展，并强化规划区与周边区域的联系，推动规划区的整体开发建设。

二、功能解构

北海新城核心区是北海经济开发区区级公共中心组成部分，是以行政管理、商业会展为主导功能，以文化娱乐、体育运动为特色功能，以生活居住、商业服务为支撑功能的多元功能复合、互动的综合性城市滨水新区。

它是滨州北海新城的核心区域，是北海新城及临港产业区形象的集中展示区。规划在以上项目研究的基础上，明确核心区的各项功能。

1. 行政办公

核心区内集中安排行政办公、商务办公功能，强化"执政为民"的职能特色。中部行政属性，两侧兼容商业商贸功能，围绕城市建设、生态产业、休闲产业等衍生出生态科技、物流商贸企业及其所需的相关服务需求。

2. 商业会展

以必要的会展企业和会展场馆为核心，以完善的基础设施和配套服务为支撑，带动城市相关产业发展。

周围会展相关商业建筑向心围合，通过内外交织的共享空间，成就漂浮在水面上的街区。

3. 滨水商业

以时尚购物、餐饮服务等为代表，由零售主导型、物流主导型、服务主导型等商业功能共同构成的商业网点体系。

因为沿水布局，意将此区域打造成为商业功能于滨水休闲功能交融的商业区域。

4. 文化娱乐

该功能区包含文化艺术中心、演艺中心、文化娱乐中心、音乐厅、星级酒店及文化创意街区等功能建筑。以文化欣赏、都市观光、时尚旅游、休闲健身等为代表，融合自然生态等各类资源，实现生态休闲服务功能，以满足人们生态休闲等精神文化活动需求为主，并为区域居住提供良好的绿化生态环境。

创意产业具有高创新、高附加值、低污染、产业关联度高、产品的需求不确定性以及蕴涵以人为本的精神、生产过程渐趋复杂化等特点，是一种在全球消费社会的背景中发展起来的新兴行业。

5. 体育休闲

以满足全民健身的需求为主，为市民引进特色鲜明的时尚体育活动项目为代表，促进体育文化的繁荣。结合区域景观特征，塑造融休闲、健身、运动等为一体的综合性体育公园，调节城市生活节奏。

6. 生活居住

依托区域内丰富健全的公共服务设施体系，建设高品质的生态社区。未来核心区域及其周边良好的居住品质将会吸引更多周边居民入住，并整体带动地区人气和城市品质。

三、规划重点问题

1. 交通系统规划

（1）道路系统

主干道系统构成"两纵三横"的道路网骨架，依据用地规划需求，做到道路顺畅、疏密合理、可达性高，充分利用现状条件，构建良性的微循环系统，满足核心区交通要求。

（2）公交系统

大力发展公共交通，倡导绿色出行方式，以公共交通引导城市开发，实施公交优先的管理对策可以改善公共交通的运行环境，提高公交车速，增加公交的吸引力，达到有效控制交通需求的目的。

（3）慢行系统

紧密结合行人优先的综合交通体系的战略目标，主要步行线路沿日月湖及潮河、新河，通过步行廊道连接，形成河、湖、绿带交融的滨水景观。

①核心生态步行带：围绕日月湖周边规划设计滨水生态步行带，供休闲散步者使用，主要节点设置在休闲广场和滨湖公园。

②沿河步行带：沿潮河与新河布置的步行道路，使人们在繁华的都市中能够体验自然界的风光景色。

（4）游艇线路规划

依托丰富的水系这一天然优势，规划区域内以建设公共开放码头为主，在蓝天碧水剑开创水上交通路线，将主要建筑与景观节点串联，舒缓路上交通压力。另外，水上巴士的开辟增加区域旅游吸引力，从而刺激当地新兴产业的发展。

2. 建筑高度控制

基本思路：根据容积率分区和建筑密度分区推导出一个基本的高度分区，再根据高度分区的基本策略原则和地标系统规划进行调整，最后通过重点地段城市设计进行验证和修正。从而形成能够塑造新区城市空间特点的地标系统、高度分区和天际线控制。

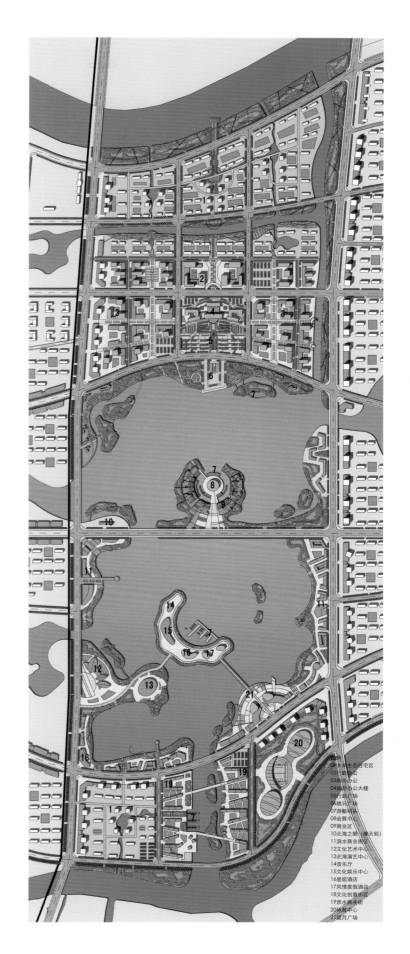

01水系生态住宅区
02江心公园
03时尚办公楼
04观景办公大楼
05市政广场
06演艺广场
07游艇码头
08会展中心
09商业中心
10北海之眼（摩天轮）
11北海商业街区
12文化艺术中心
13北海演艺中心
14音乐厅
15文化娱乐中心
16星级酒店
17风情度假酒店
18文化创意街区
19亲水美术公
20体育中心
21望月广场

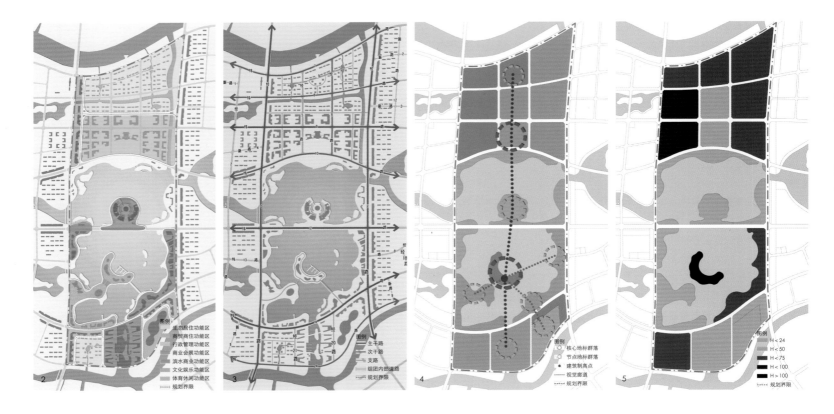

2.功能分区图　3.道路系统规划图　4.地标系统分析图　5.建筑高度分析图

为了体现北海新城创新、节能的理念及良好的滨水新城形象，根据不同功能区与风貌控制节点，对建筑高度进行分区控制，形成优美而有特色的城市天际线。

（1）地标系统

为了形成参差有致、强化方向感与场所感的天际线，规划建立两个层次的地标建筑群落构成城市核心区的城市地标系统。主要包含核心区地标群落及节点地标群落。节点地标群落分区控制，包括太阳岛地标群落、文化演绎地标群落、滨水商业地标群落、体育运动地标群落。

（2）高度分区

为了体现北海新城创新、节能的理念及良好的滨水新城形象，根据不同功能区与风貌控制节点，对建筑高度进行分区控制，形成优美而有特色的城市天际线。

六大片区五种高度限制：中轴线上的月亮岛为建筑至高点，具有商务办公功能的区域次之，沿日月湖两边的滨水商业、文化娱乐及体育中心为低矮建筑。

（3）城市天际线

在满足一定开发强度的条件下，规划利用河流、湖面完美结合优势特点，使整个区域以行政管理中心片区为核心，与会展中心、星级酒店、滨水商业区构成轴线，构成中部高，行政管理中心次之，其余地点低的城市天际线。日月湖向南形成中部高，向两边渐次降低的天际线效果。规划重点控制三个界面的

城市天际线：行政中心滨水界面、日月湖西岸界面、潮河沿岸界面。

3. 建筑景观系统

狭义的讲，"新建筑"是指符合第二次工业革命后柯布西耶提出的"新建筑的五项原则"，即："自由平面、自由立面、水平长窗、底层架空、屋顶花园"的建筑。广义的讲，新建筑对今天而言泛指当代建筑，尤其是当代公共建筑。

借鉴：核心区的建筑，尤其是公共建筑，强调的是"新"，与滨州市老城区建筑相比，体现在建筑形式要新、建筑材料要新、建筑技术要新。

4. 街廓控制

街道面广量大，是城市中最多的一种公共空间，对城市形象的影响巨大。它是城市意象的五大元素之一，"道路，这是一种渠道。观察者习惯地、偶然地或者潜在地沿着它移动……这是大多数人印象中占控制地位的因素。沿着这些渠道，他们观察了城市。其他环境构成要素沿着它布置与它相联系"。因此，在设计中街道尺度的控制十分必要。

街道是城市道路网的一部分，担负着与其道路级别相应的交通功能，对它的设计要满足车行与人行的顺畅和高效率。作为城市形象的展示除了基本功能满足外，作为公共空间的功能同样重要。在规划设计中街道根据不同的功能，打造明确的序列空间。

四、结语

城市形象的塑造是一个漫长的过程，是一个感知和维育的过程。应当利用城市设计的特殊手段，在城市发展的大潮中品味城市和审视规划。关注来自于城市自身的生态和精神特质，尊重地域的独特性，是每个规划师都应该修炼的素养。

作者简介

杨　婷，天津大学城市规划设计研究院，硕士；

刘峻源，天津大学建筑学院，博士研究生。

项目负责人：杨婷

主要参编人员：刘峻源 冯玉杰 哈俊鹏

2.功能分区图
3.道路系统规划图
4.地标系统分析图
5.建筑高度分析图
6.总体鸟瞰图
7.行政中心鸟瞰图

唐韵鄜州、塞上江南
——延安富县城市风貌特色构建研究

The Research of Urban Style and Feature Establishing
—Case Study of Fu County, Yan'an City

刘雅玮 孙 伟
Liu Yawei Sun Wei

[摘　要]　城市设计是塑造城市特色的重要手段，本文以延安富县城市设计为例，提炼其自然特色和历史人文特色元素，分别从宏观、中观和微观三个层面构建特色城市风貌，旨在营造城市独特名片。

[关键词]　城市特色；城市设计；构建

[Abstract]　Urban design is important approach to mold urban feature. Taking urban design of fu County, in Yan'an City as an example, the article aims to creat unique city card by exploring elements of natural features and historical humanistic features and establishing city character from macro, medium and micro levels .

[Keywords]　Urban Features; Urban Design; Establishing

[文章编号]　2015-66-P-092

1.城市结构图
2.景观结构图
3.城市设计总平面图

一、引言

一座城市就如同一个人一样，有特色才能给人留下深刻的印象，才能有知名度。芒福德说过："城市都具备各自突出的个性，这个性是如此强烈，如此充满'性格特征'。"因此塑造城市特色风貌，对于城市的核心竞争力的保持，起着至关重要的作用。捕捉城市灵魂，培养城市风格，塑造城市特色，也正成为世界性的课题而备受关注。同样，城市风貌特色作为极具价值的稀缺性资源，也正发展成为政府经营城市的重要手段和参与全球化竞争的锐利武器。

二、项目背景

1. 城市概况

富县古称鄜州，位于陕西北部，延安市南部，属渭北黄土高原丘陵沟壑地带。东靠黄龙山系与宜川、洛川接壤，南与黄陵相连，西隔子午岭与甘肃宁县为邻，北缘丘陵沟壑与志丹、甘泉、延安接连。城区位于洛川川道内，五山环抱，外围山体拥城如怀。五水绕城，主要河流洛河以蜿蜒之势穿城而过。独特的山水资源和地理区位造就了其"塞上小江南"和"陕北小关中"之美称。本次主城区城市设计面积为8.16km²。

2. 城市特色

地处陕北交通要塞，古名五交城，以"三川交会，五路噤喉"为历代兵家必争之地。春秋战国时期，有秦、魏"雕阴之战"，唐贞观年间，名将尉迟敬德任鄜州都督，扩城建塔，操练兵将。在城市建设及文化建设上，在唐宋时期，尤其是唐代达到了发展顶峰，因此"唐韵宋风"最能体现富县本地的传统特色。进入21世纪以来，发展成陕西历史文化名城、省级卫生县城、省级文明县城。另外，富县还被国家文化部命名为"全国民间艺术之乡"，黑陶、剪纸、熏画等民间工艺美术种类繁多，"鹿衔旗"、"鄜州八景"等遗址文化品味深厚。

三、城市风貌存在问题

近年来，富县房地产开发极为活跃，大量高层住宅在城区平地而起。纵观西安、延安、富县的城市建设，清晰的展示了三种类型的城市都在沿着相同的道路发展。但三者截然不同的先天条件、发展环境、城市吸引力，必然会出现强者愈强，弱者愈弱的发展结果。因此，富县城市特色的塑造对于富县提高城市吸引力起着至关重要的作用。然而目前高密度、大规模的城市建设造成了富县风貌特色的缺失，具体存在以下问题。

1. 开放空间稀少

城区建筑间距过小，建筑密度过大，造成为社会公众提供的广场、绿地、视觉通道、停车场等开放空间不足，物质开放空间缺乏有机联系，没有形成系统，城市的山水特色没有与城市有机结合在一起，影响了居民的生活品质。

2. 城市立面缺乏特色，亟待改造升级

现状建筑立面缺乏统一设计，后增加的构件凌乱；建筑立面美化工作缺乏"深度"，且细节关注不够。整体的城市肌理没有凸显城市历史特色，部分具有历史文化的公建或区域在外观上缺乏文化特色。

3. 城市天际线被破坏

高层建筑杂乱建设，阻挡山体风景资源，高层与多层建筑之间缺乏过渡，视觉效果不协调，高层建筑集中高密度的建设，造成不协调的城市天际轮廓线。

4. 特色资源未能得到充分利用

首先，古城墙、开元寺塔等遗迹都处于未利用状态，与城市生活呈割裂态势。其次，洛河穿越富县主城区，河道宽度超过了100m，全年大部分时间为枯水期，仅20m左右的水面宽度，大面积的河滩地未能得到充分的利用。再次，内部的几条小河流因缺乏环境整治及生活垃圾治理，不仅未能凸显滨水生态优势，反而成为了城市污染的重灾区，将点污染扩大为带污染。

四、城市形象定位——唐韵鄜州、塞上江南

彰显城市特色首先要确立整体城市形象定位。

古代诗人的诗作描述的鄜州城：点缀于山水之间，一幅社会祥和，城内外花红柳绿，寻常百姓生活闲适、自在的景象。因此古代富县的城市意向简单概括为"城隐山水皆入画，桃花杨柳焕重光"。为了凸显其生态资源、延续古城意向，彰显历史特色，本次规划综合解读分析后对富县的城市形象定位为"唐韵鄜州、塞上江南"。

五、富县城市特色风貌构建策略

1. 宏观层面

（1）构建生态基底的城市格局

基于现状城市格局，结合城区内及周边的河流水系、自然山体等自然要素，规划形成"一轴一带，五心多点，六片区"的空间结构。其中，一轴：指贯穿茶坊、沙梁、老城、南校场、监军台的正街，是富县长久以来的城市主要发展轴，集中了富县绝大部分的公共服务及公共活动空间；一带：指贯穿富县南北的洛河景观带，规划将曾经的一条害河，更新成城市内部的徒步、观赏、休憩空间，形成城市内部的绿肺，连接了吉子湾、北校场、沙梁、老城、南校场、监军台等功能片区；六心：指富县的公共服务中心，分别为茶坊生活服务中心、北校场商业服务中心、沙梁综合服务中心、老城场综合服务中心、监军台综合服务中心。各中心主要为本片区服务，同时兼具为全县服务的独特功能，如体育、文化、行政、医疗等。多点：指遍布于富县城区内的各功能节点、含商业、娱乐、文化、广场、历史遗存等多种功能，是次一级的公共聚集点。六片区：指茶坊生活片区、吉子湾工业物流片区、北校场生活片区、沙梁综合片区、老城行政商业片区、监军台生活片区等六大片区，主要是由自然地形所限而形成。

（2）打造鄜州特色的景观格局

按点—线—面相结合的原则，强化重要视线通廊，打造赋予地区性标志形象的地标，并进一步塑造中心汇集、多廊多点的景观格局。洛河生态景观带，构成富县的滨水中心景观，既是富县居民的重要公共活动场所，也将成为富县吸引游客的重要名片。主要景观轴线，是富县的门户景观，集合地标性的建筑和空间，展示城市的崭新形象。重要区域结合重要城市功能轴及公共空间，形成丰富多样的主要景观节点。景观网络打造富县东西向的生态景观通廊，形成特有的城市视觉通廊，结合生态居住，形成赏水、观山的特色景观风貌。次要景观节点在景观廊道和景观带上，规划设置多处公共开放空间，为居民、游客、办公人士提供足够的户外休闲、交流场所。

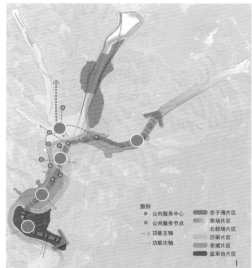

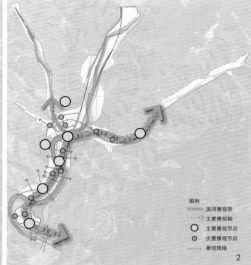

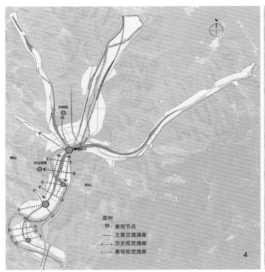
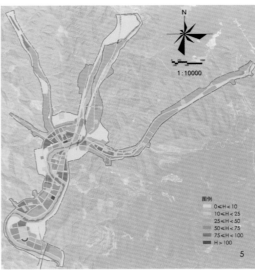
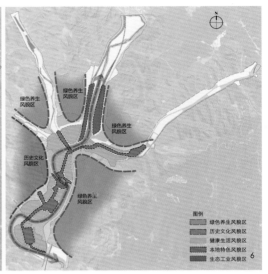

4.视觉廊道　　　　　9.鄜州广场改造后
5.高度控制　　　　　10.川口广场意向图
6.风貌分区　　　　　11.宝钟广场意向图
7.川口广场改造后　　12.鄜州广场示意图
8.宝钟广场改造后

（3）打通文化及自然视觉廊道

视觉通廊为人们提供了在城市景观中连续行走的机会，不仅本身构成了城市中的景观廊道，而且也把周围的山景引入城市。从整体系统角度考虑，通过设置特色的开放空间，打通山、河、城通廊，显山露水，创造具有识别性的空间。引入不同景观视觉的通道会被赋予不同的设计内涵，指向太和宫和开元寺塔的两条绿色通廊会以唐代建筑形态和建筑小品来展现"唐韵鄜州"的主题，指向东山西山的视觉通廊会体现富县景观文化，以绿色植物景观为主，体现"山水鄜州"的主题。

（4）实施凸显基底的高度控制

规划将富县周边的太和山、东山、西山等山体作为连绵起伏的城市天际轮廓，与作为中景的城市建筑群和作为近景的洛河及滨河绿化带一起构成城市的三维景观层次。一方面控制正街两侧的商业用房高度不超过16m；另一方面，基于现状高层为城市天际线塑造基点，控制周边新建建筑不得高于基点高度的80%，不得低于10m。因此，规划形成了以洛河为依托，由中轴发展的城市标志性区域，向两山空间逐步抬高的内凹式城市形态。

2. 中观层面

（1）建筑色彩分区

结合富县城区现状建筑色彩分析与规划片区的结构与功能特点，将富县划分为五个色彩分区。①雅之校场：整体设计改造过程中应烘托原有的历史文化感采用偏黄的暖色系及灰色系，中低彩度、中高明

度；点缀偏橘或偏红的暖色系，与山呼应。②润之茶坊：作为富县中心城区门户，且现状色彩丰富多样，应规划整体为偏黄或偏红的暖色系，中彩度、中高明度。③活之沙梁：作为富县公共服务设施最完备，最具活力的片区，可整体规划亮红色系，体现灵动时尚、多元活跃的商业氛围；以及暖黄色、砖红色展现朝气蓬勃温暖明快提升品质。④稳之老城：规划色彩整体为青灰色系，低彩度、中高明度，但略显单调；可加入一些深褐色、亮暖色，通过对比的方法达到画龙点睛的效果。⑤清之新区：作为新区，因此规划色彩可做到整体统一，整体为偏灰的暖色系及偏蓝的亮灰色系。

（2）城市风貌分区

结合城市总体布局及现有资源规划五大风貌分区。

①本地特色风貌区：重点凸显富县"唐韵鄜州"的城市景观风貌，提炼唐宋风貌元素，综合展示，营造出独特的地域特色。

②健康生活风貌区：突出宜居、健康的居住环境风貌，以便利的生活享受为主，以简洁、以保养为辅。

③生态工业风貌区：结合火车站场的功能，发展物流及加工业，以产业延伸工业旅游、工业展示等功能的新型工业风貌。

④绿色养生风貌区：依托绿色山体资源和道教思想打造修身养生景观风貌。

⑤历史文化风貌区：以开元寺塔及古城墙为基础，复建唐宋建筑，展现鄜州悠久的历史文化，弘扬传承本地文脉。

3. 微观层面

（1）重新梳理河道

洛河占据富县城市空间的重要位置，但仅仅作为城市防洪排水河道，两侧滩涂裸露，不仅是资源的浪费，也不利于富县整体风貌的提升。因此对洛河滨河景观空间的改造势在必行。近期进行本地易生草本植物种植，提升观赏性，把洛河建成连续的绿色景观走廊，作为整个城市的绿色骨架。中期可建立开放空间系统并塑造个性化人文空间，如建设河堤观景台及下行台阶强化河道观赏性和可达性。目的是将滨水景致引入市民生活，把鄜州人的生活重新带回水岸，让洛河成为连接文明与记忆的纽带。

（2）改造建筑立面

建筑立面改造范围主要为从川口始至南校场的正街段。在提炼唐代建筑符号的基础上，通过直接引用和间接引用的手法，从屋顶、窗墙、门楼、外廊等方面入手进行街道里面的重塑，打造"唐韵鄜州"的特色城市空间。

（3）广场节点改造

①川口广场：对现状道路进行改造，保留主干道并增加多条道路来满足该片区的交通负荷。在入口处增设环形转盘道路，环形路中心摆设代表城市形象的雕塑，形成对外重要的城市门户。用唐韵风格的围合式建筑着力打造全新的城市风貌区，建筑之间以宜人的步行开放空间相连，使之成为独一无二的唐韵社区以及商业街。

②宝钟广场

在保持现状道路不变的基础上，拆除不利形成

沿路立面的现状建筑，利用新建的唐韵建筑群以及地标性塔楼围合出十字交叉路口的开放空间，从而形成新的城市节点和活动空间，打造富有唐韵风格的街道面貌，塑造新的城市形象。

③鄜州广场

在保持现状道路主骨架不变的基础上，位于三条道路汇合处增设环形转盘道路来增强主干道的交通通行能力。同时在环形路的中心摆放具有城市特色的雕塑，围绕环形路增加硬质广场铺装和具有公共服务性质的建筑，使其成为城市重要的节点之一。

（4）街道家具设计

根据城市设计的用地功能、风貌特色、历史文脉等，分成传统区、简约式和田园式三个类型，分别设置不同种类、风格的街道家具。其中传统式主要为城市主轴带和标志性公共建筑区域，在造型外观及色彩、图案等方面体现鄜州的唐韵元素。田园式是城市绿地公园、山体公园等生态基地较好的运动休闲区域，选材采用生态材料，造型外观上体现天然、绿色生态。其余区域均为简约式，选材、造型上应力求做到简约、大方、体现简约风貌。

六、结语

特色的城市风貌，不仅是能体现时代的特征，同时也见证历史的传承，可以表现城市独有的文化魅力，形成独具特色的城市名片。在富县的城市设计中，从宏观、中观和微观三个层面重点反映城市自然特色和人文特色,并将它们作为贯穿城市设计全过程的设计元素，从而创造出体现地域性、文化性和时代性特征的具有城市特色的城市空间。旨在传承鄜州历史文脉，从整体到局部全方位融入城市文化，展现富县独特的城市风格和特色。

参考文献

[1] 郑景山. 基于城市风貌特色为重心的总体规划: 以福建省周宁县总体规划为例[J]. 福建建筑, 2009
   (4): 5 - 6.

[2] 方春, 谢芙蓉. 浅谈来宾市城市风貌特色塑造: 以来宾市城市总体规划为例[J]. 广西城镇建设, 2010
   (7): 22 - 25.

[3] 郑杰, 管欣. 城市设计与城市文化特色塑造: 以潜山县皖文化为例[J]. 长江大学学报（社会科学版）,
   2012 (03): 176 - 178.

[4] 张械. 承载地方特色、展现城市风貌: 以天津市天钢柳林地区城市副中心概念设计比选方案为例[J].
   工程建设与设计, 2012 (S1): 21 - 23.

[5] 敬东. 融汇之地 神话之都 逐海之城: 连云港城市特色研究[J]. 城市规划.2009年（10）: 80 - 84.

作者简介

刘雅玮，上海合乐工程咨询有限公司，规划师。

孙 伟，上海合乐工程咨询有限公司，规划总监，国家注册规划师。

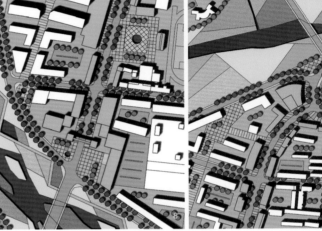

拉萨市东城区城市特色的挖掘与塑造
Excavation and Shaping of Urban Characteristics of Dongcheng District in Lhasa

焦 姣 游 涛
Jiao Jiao You Tao

[摘　要]　城市特色是城市自然风貌、建筑景观、历史文化、生活方式等的浓缩体现，是城市居民对于"家"的集体认知，也是外来者对它的综合印象。然而过去十几年的快速城镇化建设在带来物质繁荣的同时，也带来了城市特色的趋同与消失。拉萨作为一个地域文化极为特别的城市，同样面临着泯然众城的危险，尤其是新拓展区域。如何在开放的现代的环境下保持并延续地域文脉，如何定义少数民族城市新建区域的城市特色并恰当塑造，成为本文主要议题。

文章首先对城市特色的概念做出解析，在此基础上，以"五觉"感知系统为线索对城市特色资源进行搜查与分类，进而运用媒体搜索法和德尔菲法从"资源要素价值"和"资源影响力"两个方面对城市特色资源进行评价与分级。通过对城市特色资源的搜查与分析，找出城市特色现状和未来建设中的问题与潜力，并相应的从项目策划和城市设计等方面提出设计策略。

[关键词]　城市特色；"五觉"感知系统；城市设计；公众参与

[Abstract]　Consisting of natural elements, architectural landscape, urban culture, local lifestyle and etc., urban characteristics are not only the concept of home of the citizens, but also the outsiders' whole image of this place. However, years of rapid urbanization brings material prosperity meanwhile with the resemblance and disappearance of urban characteristics. Even as such a special city as Lhasa, it's facing the danger of losing characteristics as well, especially in the new districts. Under such a background, two main topics are included in this article, which are how to protect and inherit the urban context in such an open and modern environment, and how to define and shape urban characteristics of the new districts of the minority cities appropriately.

Firstly, the concept of urban characteristics is defined. Based on that and taken 'five senses' as research clues, urban characteristic sources are searched and classified. Secondly, these characteristic sources are evaluated and graded in two aspects which are the source value and influence. At last, through the two steps above, problems and potentialities of urban characteristics are expected to be found, based on which, more reasonable and effective design strategies could be raised.

[Keywords]　Urban Characteristics; Five Senses; Urban Design; Public Participation

[文章编号]　2015-66-P-096

一、背景研究

1. 城市特色概念解析

"城市特色"具有广义和狭义两层含义。广义的城市特色包含有形与无形、自然与人文等多个方面，凡是能够体现城市独特性、区别于其他城市的要素均可归纳为城市特色。狭义的城市特色仅指建筑学领域所讨论的城市建设层面的特色内容。本次特色研究所讨论的"城市特色"倾向于广义内容，认为其是由自然风貌、历史文化、经济产业、物质空间、居住群体以及生活方式等内容构成的综合系统，正是因为有形与无形、自然与人文的有机融合，才构成了城市独一无二的性格。

2. 城市特色特征

城市特色重点在一个"特"字，所谓"特"是通过比较和感受得出，因此不同于一般的城市概念，它具有相对性、主观性和感受性特征。

首先，相对性特征，城市特色需由比较得出，这种比较有两类参照对象：一是直接可见的周边环境；二是观察者意识中的某种先验环境。第一类参照对象有可能出现在微观或中观区域的比较，如建筑、街区、片区与周边环境的比较。第二类参照对象则出现在城市与城市的比较。这种"他无我有"、"他有我优"的情况构成了城市的独特性。

第二，主观性特征，城市差异客观存在，但受生活背景、知识储备和认识能力的限制，人对特色的识别和判断有所不同，加入了主观因素，比如本地居民与外来游客、不同社会经济背景人群所认为的城市特色有可能存在不同，因此在进行城市特色挖掘时可以利用公众参与的方法最大程度地收集和了解城市特色要素。

第三，感受性特征，不同于其他学术概念或设计概念，城市特色是一个非常贴近人们感受的内容。

生活在城市，看到、听到、闻到、触到、尝到的东西构成了人们对这个城市的印象，通过比较人们认为某些东西是这个城市独有的，这些东西可以代表这个城市，这就是城市特色，比如城市老街巷里的传统叫卖、老镇江弥漫全城的香醋味道、江南水乡的青石板路、各地风味小吃以及特色建筑等。另外，设计师在总结了若干城市特色之后，也要经历一个从具象到抽象再到具象的过程，最终以可以被感知的形式为载体将特色文化传达出去。

3. 城市特色评价方法

城市特色评价有定性和定量两种方法。定性评价是基于对城市特色资源的理性思考和感性认识，采用较为成熟的审美心理、建筑及城市规划和设计等理论，按照公众审美标准，对城镇特色资源进行评价的一种方法，主要手段包括现场踏勘、问卷调查和资料收集等。定量评价是在定性基础之上的量化评价，主

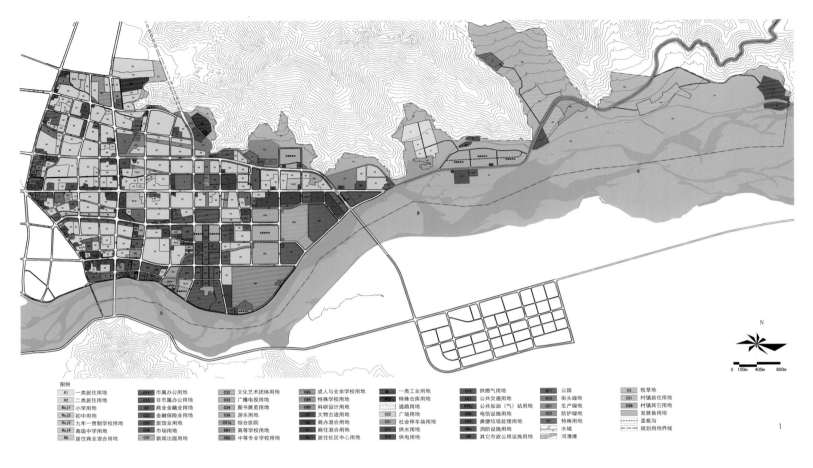

图例
R1 一类居住用地	C11 市属办公用地	C32 文化艺术团体用地	C63 成人与业余学校用地	W1 一类工业用地	U13 供燃气用地	G11 公园	E5 牧草地
R2 二类居住用地	C12 非市属办公用地	C33 广播电视用地	C64 特殊学校用地	W2 特殊仓库用地	U21 公共交通用地	G12 街头绿地	E61 村镇居住用地
Rcj1 小学用地	C2 商业金融业用地	C34 图书展览用地	C65 科研设计用地	道路用地	U29J 公共加油（气）站用地	G21 生产绿地	E69 村镇其它用地
Rcj2 初中用地	C22 金融保险业用地	C36 游乐用地	CF 文物古迹用地	S22 广场用地	U11 电信设施用地	G22 防护绿地	发展备用地
Rcj3 九年一贯制学校用地	C25 旅馆业用地	C51a 综合医院	Cb 商办混合用地	S31 社会停车场用地	U42 粪便垃圾处理用地	D1 特殊用地	盖板沟
Rcj4 高级中学用地	C26 市场用地	C61 高等学校用地	Cr 商住混合用地	U11 供水用地	U9a 消防设施用地	水域	规划用地界线
Rb 居住商业混合用地	C31 新闻出版用地	C62 中等专业学校用地	Gc 居住社区中心用地	U12 供电用地	U9 其它市政公用设施用地	河漫滩	

N
0 100m 400m 800m

1. 土地利用规划图

要做法是德尔菲法，按照一定原则对城市特色资源进行赋分和评级，梳理出对形成城市特色发挥作用的要素以及他们的重要程度。

定性与定量方法在规划工作中是前后承接、协同作用的关系。定性评价完成了特色要素的收集整理，定量评价在要素资源库的基础上进一步分类分级，为规划设计能够针对不同资源的不同特点提出行之有效的保护策略提供素材和依据。

4. 技术路线

东城区位于拉萨市东部，是一个新的城市片区，现状采用"格网道路+轴线"的空间形式，对地方特色文化的表达多体现为建筑表皮装饰，在整体藏区氛围塑造和特色生活方式延续方面有所欠缺。本次研究旨在挖掘地方特色资源，并以空间用地、节事活动、环境设计等多种方式将特色文化注入到原有城市框架中，使本地居民能够自在生活，外地游客能够感

受到浓郁的藏区气氛。

规划设计可以分为挖掘、评价与塑造三个步骤。基于城市特色的感受性特征，在要素挖掘时以"五觉"感知为线索（视、听、闻、味、触），以公众参与为方法建立城市特色资源库，进而通过赋值评分梳理出三级特色资源，并根据资源的类型与等级进行不同的策略设计。

二、城市特色挖掘

1. 城市特色要素采集及评价方法

按照"视、听、闻、味、触"五觉感知为线索，对拉萨市东城区特色资源进行初级搜索。

本次规划设置了评价项目和评价因子两个层次，评价项目包括资源要素价值、资源影响力两项，其中资源要素价值包含4个评价因子，资源影响力包含2个评价因子。具体评价标准与赋值标准如表1。

受项目限制，本次特色资源的采集来源为该地区已有规划资料、现状踏勘资料、文献等。除此之外，城市特色资源评价赋值引入"媒体搜索方法"来考察特色资源的影响力与价值，媒体观点一定程度能够反映外来游客对本地区的认知，具有参考意义，后期可以组织问卷调查对研究结论进行验证和校核。

2. 城市特色构成及评价

从"视、听、闻、味、触"五觉感知出发，对东城区现有特色资源进行收集、整理和评价，按照一级（60—100分）、二级（30—59分）、三级（0—29分）进行分档（表2）。

对城市特色资源的评价分类结果反映出以下三方面问题。

（1）一级特色资源集中在自然资源和无形人文资源，即非物质文化资源，这说明东城区的资源基底优良，有较多题材可以用来塑造城区特色，是本次特

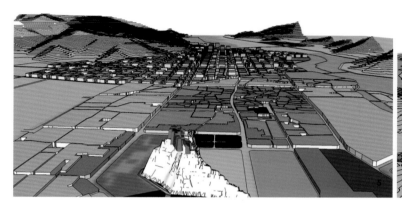 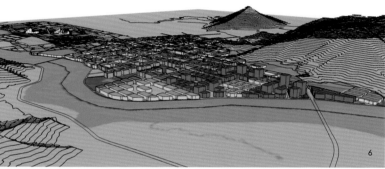

2. 以天空为底的布达拉宫   5. 从老城区看东城区
3. 以街区/天空为底的拉菲尔铁塔   6. 从东城区看老城区
4. 以人工环境为底的夕阳

表1   **城市特色资源评价赋值标准**

评价项目	评价因子	评价依据	赋值
资源要素价值（85分）	观赏游憩使用价值（25分）	全部或其中一项具有极高的观赏价值、游憩价值、使用价值	25—18
		全部或其中一项具有较高的观赏价值、游憩价值、使用价值	17—9
		全部或其中一项具有一般的观赏价值、游憩价值、使用价值	8—1
	历史文化科学艺术价值（25分）	同时或其中一项具有世界意义的历史价值、文化价值、科学价值、艺术价值	25—18
		同时或其中一项具有全国意义的历史价值、文化价值、科学价值、艺术价值	17—9
		同时或其中一项具有地区意义的历史价值、文化价值、科学价值、艺术价值	8—1
	珍惜奇特程度（25分）	世界范围内比较属于珍稀奇特	25—18
		全国范围内比较属于珍稀奇特	17—9
		地区范围内比较属于珍稀奇特	8—1
	规模、丰度与几率（10分）	独立型资源单体规模、体量较大；集合型资源结构完美、疏密度良好；自然景象和人文活动周期性发生或频率较高	10—8
		独立型资源单体规模、体量中等；集合型资源结构完美、疏密度较好；自然景象和人文活动周期性发生或频率一般	7—5
		独立型资源单体规模、体量较小；集合型资源结构完美、疏密度一般；自然景象和人文活动周期性发生或频率较小	4—1
资源影响力（15分）	知名度和影响力（10分）	在世界范围内知名，或构成世界名牌	10—8
		在全国范围内知名，或构全国名牌	7—5
		在地区范围内知名，或构成地区名牌	4—1
	游憩期或使用范围（5分）	适宜游览的日期每年超过300天，或适宜于所有游客使用和参与	5—4
		适宜游览的日期每年超过200天，或适宜于60%左右游客使用和参与	3—2
		适宜游览的日期超过100天，或适宜于30%左右游客使用和参与	1

色塑造的重点资源类型；

（2）三级特色资源集中在有形人文资源，即城市建成环境。通过实地踏勘发现，东城区空间布局沿用现代城市逻辑，城市结构、肌理、道路系统、新建居住区模式及各类建筑布局与其他现代城市差异不大，仅在立面装饰传达了藏式信息。在全国宏观层面比较，其特色较弱；在拉萨中观层面比较，与主城区传统风格有所差异，但现代风格质量不高，与东城区形象目标定位尚有较大差距。这类资源已经成型，且改造难度较大，可以考虑从细节景观入手进行优化。

（3）从"五觉感知"来看，人对一处环境产生好感多源自多感官满足，比如4月富士山赏樱活动，游人同时感受到雪山美景、樱花香味、乍暖还寒和拂面春风，各种感觉叠加形成了最佳体验。而目前东城区特色资源的感觉类型过于单一，复合性较差，比如拉萨河、拉萨河湿地及其他河网体系只能观赏，公共建筑包括二类特色资源中的西藏大学也只能停留在观赏层面，可以引发的感官刺激太少，作用有限。因此，增加特色资源的复合体验成为本次规划设计的一项重要策略。

综上所述，在对拉萨市东城区进行特色塑造时主要采取以下方式：

（1）重点围绕一级特色资源进行塑造，由于该类资源以自然和无形人文要素为主，设计从项目和活动策划入手，为其提供展示场所、路径和其他表现载体，并在策划中加强特色体验的复合特征。最终基于项目与活动形成城市功能布局和城市设计。

（2）三级特色资源以物质空间建设为主，由于范围较大、改造较难，设计以街区、地块为单位进行局部和渐进式特色优化。

三、城市特色塑造

1. 策略一："博物"系统策划——为特色资源提供多样化展示场所

东城区有许多可以展示的文化资源，每种资源都蕴藏着一段历史、一个系统、一种流派，对这些资源的挖掘具有很好的传承、教育、科研、观赏作用。根据资源特点和所寄予的意义不同，展示可以呈现出丰富多样的形式。"博物"系统的建成，不仅是对本土特色资源的梳理保护，对当地居民意识觉醒和自豪感的培养，也是一笔丰厚的旅游财富。

2. 策略二："五觉"设计策略——打造复合型感知体验

突破单一的感知方式，打造多感官复合体验。根据要素特点进行策划，充分调动观赏者的感知器官，从而加深体验印象。在文化产业策划中，这是常用手段和发展趋势，比如音乐剧、演唱会、四维电影的流行，其舞台画面、完美音效及观众的现场参与全面模拟了一个逼真的故事场景，使人印象深刻。

在城市特色塑造中同样可以运用这种感知特点，根据特色资源特点，将视觉、触觉、味觉、听觉、嗅觉2~5种的叠合，产生多样的城市活动和场景效果，同时从需求角度推动了更多类型的城市空间产生。

综合策略一和策略二，结合东城区一级特色资源，以建筑场馆、休闲场所、路径、环境艺术和能源系统等形式为载体策划一系列项目与节事活动，这些活动综合了"视、听、闻、味、触"等多种感知方式，使人们可以亲身参与其中，丰富了体验乐趣（表3）。

3. 策略三：图底关系设计策略——主题式城市场景设计

控制画面要素比例是摄影构图原则中的重要一条，因为它与要传达的信息和主题息息相关，摄影

表2　　城市特色资源分类

资源级别	资源内容
一级特色资源	本土动植物、布达拉宫视廊、蓝天、空气、手工技艺、民族体育运动、民间音乐、藏医药、藏地餐饮、光照、拉萨河、拉萨河河滩湿地、节庆活动、特色日常活动、《格萨尔王》、藏戏、民间舞蹈、拉萨风筝
二级特色资源	地形地貌、西藏大学、汉族古墓地保护区、雪山、林卡
三级特色资源	城市结构、城市肌理、道路系统、藏式传统居住区、现代藏式居住区、行政办公建筑、商业建筑、基底建筑、路名系统、河网水系

表3　　东城区"博物"系统策划一览表

类型	策划名称	特色资源利用	策划内容及形式	涉及区域范围	活动频率
场馆	西藏自然科学博物馆/拉萨河湿地公园	本地动植物、自然生境、拉萨河及河滩湿地	[展示]：采用生境模拟、实物标本、影像图片等多种形式； [教育]：组织专题讲座、志愿者团队、种植技术培训等活动； [科研]：建立科学研究机构； [交流]：举办会议研讨交流活动、组织湿地候鸟观赏等； [监测]：建立拉萨河及湿地环境及动植物生长跟踪监测站	东城区东部图书展览用地	长期
	西藏民俗博物馆	民俗资源，包括民族历史、民族文艺（文学、音乐、戏剧、舞蹈、美术）、民族工艺（建筑工艺、手工技艺、民族服饰）、民俗活动（生产活动、宗教活动、节庆活动、婚丧活动等）	[展示]：采用场景模拟、实物或模型、影像图片、表演互动等多种形式； [教育]：组织专题讲座、志愿者团队、教育培训等活动； [科研]：建立科学研究机构； [交流]：举办会议研讨交流活动	同上	长期
	文化艺术中心	民俗音乐、舞蹈、戏剧、文学等	[表演]：展示传播传统民俗艺术形式； [创作]：建立艺术工作室制度，培育民族艺术的创作力量； [教育]：组织志愿者团队、艺术培训等活动； [交流]：等办节事活动	同上	长期
	会展中心	西藏各类物质、非物质资源	包含会议、展览、商务洽谈、酒店、餐饮娱乐等内容	同上	长期
	节庆广场	民俗节庆活动	在重要节庆期间可作为布达拉宫广场等主要活动场所的补充场地，承担系列活动的部分内容，如藏历新年、雪顿节等；在其他节庆期间作为庆典活动的分支场所，承担东城片区的活动内容，如沐浴节、望果节等；同时举办东城片区主办的节事活动，如风筝节、音乐节等	东城区中轴线	周期
	体育场地	民族体育运动，如大象拔河、抱石头、射碧秀、格吞、赛马、藏棋、吉韧、俄多、放风筝、赛牦牛等	举办特色的综合或单项赛事，如风筝节、赛马节等	拉萨大学体育场地，中轴线南端公园	不定期
休闲场所	林卡系统	特色日常活动、过林卡	结合此活动布局城市绿地系统	东城区	长期
	广场系统	特色日常活动、跳锅庄	结合此活动布局城市公共空间系统	东城区	长期
	生活设施	特色日常活动、茶馆	结合此活动布局城市社区生活服务设施	东城区	长期
路径	慢行路径（转经路径）	特色日常活动、转经	结合此活动设计城市支路系统	东城区	长期
	节庆路径	特色节庆活动	民族节庆游行路线，如藏历新年、雪顿节。现代节庆赛事路线，如马拉松、自行车	东城区	周期
环境艺术	主题雕塑	非物质文化遗产	主题1：以《格萨尔王》为代表的西藏历史主题 主题2：民间传说、故事 主题3：生活、生产场景	东城区	长期
能源系统	生态之城	光照、风、洁净空气	东城区公共建筑、街道能源设施均使用太阳能、风能等洁净能源，在建筑设计中采用生态理念和技术手段；居住建筑以洁净能源为主	东城区	长期

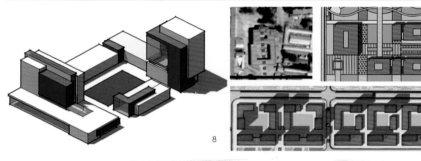

家瓦尔特·德·格鲁伊特曾说过:"在大多数情况下,每幅照片中都有一个或一组形状或形式起主导作用,而照片中的色彩、体积、位置和其他形状等,都是为主导因素服务的。"

如果把人对城市的移动体验裁剪为一帧一帧的画面,即可发现这条摄影构图原则对城市设计同样具有借鉴意义。

让人迷茫的画面多是主题不明确的画面,让人印象模糊的画面多是技巧滥用的画面。同样在城市设计领域,现代城市无特色往往来源于两个技术原因:一是元素过多,不知所云;二是技巧单一,四海皆同。

因此,在东城区的城市设计中通过主题确定、类型分区、方法设计三个步骤来实现特色塑造。首先,"蓝天、雪山"毫无疑问成为高原城市的公认特色主题。这里天空纯净、变幻多端,在视觉上给人触手可及、无边无际的感觉,赋予拉萨"天堂"的美誉,是当地无形的魅力资产。

对于"天空、雪山"的表达,主要通过总体高度控制和天际线设计两个方法实现。

总体高度控制方面,严格控制东城区建设高度,总体形成东西截面上东高西低、南北截面上中高边低的趋势,城区制高点严格低于布达拉宫高度,靠近山体和拉萨河的建筑高度降低,与之相协调。

天际线设计方面,根据东城区不同功能区和空间形式的要求,分为四种类型,具体分类和设计引导要求(表4)。

4. 策略四:局部渐进式优化——从小到大的改变

传统城市空间形制极具地方特色,但对于交通方式、城市功能已发生较大变化的现代城市来说,完全沿袭传统也不合理。如何使城区既满足现代城市运行要求,又能具备地方文化特色?从街区、地块入手,局部渐进式优化是一个较为理性的方式。

拉萨市东城区在局部详细设计中从场地布局、建筑设计、景观环境、藏民生活方式等方面入手,塑造具有地方文化特色同时又符合现代功能要求的街区。

(1)场地布局

"转经"、"转山"、"转湖",从藏族习俗中即可看出,其将崇拜之物置于圆心,所有膜拜行为和建造都呈同心圆式环绕进行,这与西方及汉族的轴线式空间模式有很大差别。在重要公共设施场地设计时引入这一模式,形成环形的公共空间路径。

(2)建筑设计

受自然环境和佛教文化影响,藏式建筑多采用"回"字形院落布局,以白、黄、红为基本构图主色。设计吸收这一特点,运用到现代藏式建筑设计中。

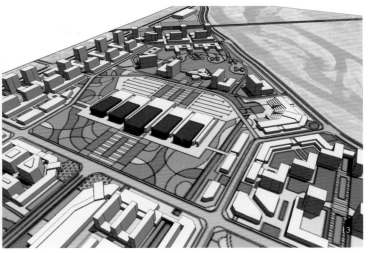

表4　　　　　　　　　　　　　天空之城"设计主题空间策划

空间类型	分布区域	设计要求	图底关系示意
标志空间	行政区、商业区、博物会展区	通过与基质建筑的对比塑造标志性,对比可从建筑高度、形式、体量、材质等方面进行,标志空间由点、簇状建筑或建筑群构成	
基质空间	居住区	机制空间,即基质建筑构成的街区,在风格、高度、色彩、体量等方面要求同质和统一,重点强调街区肌理的塑造,以形成"底"的整体感	
线形空间	道路、中轴线、视廊	主干车行线路可采用现代城市道路模式,通过韵律、对景、大面积色块塑造快速道路景观; 慢行路径(步行+有轨观光电车)强调步移景异,线形可蜿蜒灵活,从而使街道里面产生丰富的空间变化; 中轴线是两种手法的结合,从整体效果上,强调和尽端对景,因此两侧建筑作为基底不宜变化过多。在微观感受方面,应通过绿化配置、小品布局消弱空间的大尺度仪式感,同时在中轴线绿带宽度与两侧建筑高度之间寻求一种和谐,使游人行走其中只感觉到自然空间的开敞而不会感到两侧建筑的压抑,打造连贯的"林卡"群,同时通过水面的布局,加强对"天空"主题的表达	
开敞空间	大型绿地、郊野农田、拉萨河	天空占画面50%以上,同时通过湖泊水系等反射借景手法增加对"天空"的表达	

四、结语

城市特色保护与设计,归根结底是对特色生活方式和文化信仰的保护与传承,难点在于识别与表达,其中表达又更难一些。如何将人对城市的综合复杂感受分解为准确明晰的影响因素,并进一步将之转译、组合为新的建筑语言,需要在实践中不断摸索和总结。

参考文献

[1] 余柏椿. 城镇特色资源先决论与评价方法. 建筑学报,2003. 1.

[2] 林柯余,袁奇峰. 宜居城市建设视角下的城市特色营造与追求:中德的对比与启示. 现代城市研究,2010. 6.

作者简介

焦　姣,江苏省城市规划设计研究院专家工作室,规划师;

游　涛,江苏省城市规划设计研究院城市设计所,所长。

（3）景观环境

采用拉萨本土植物、建筑材料和工艺塑造具有高原特色的景观环境,形成自然与人文、地方特色与现代设计有机融合的空间环境。

（4）对藏民意愿的考虑

受民族风俗和性格影响,藏民的婚礼和葬礼仪式、平日聚会活动多安排在内部院落完成,所以在访谈中被访者希望住宅仍以低层院落形式为主。

在住宅建筑设计中,采用跃层形式,通过"L"形建筑设计为每户提供院落空间。

重点地段及专项规划层面
Key Sections and Special Planning Levels

入城交响，印象邢台
——邢台市邢州大道城市设计

Symphony of City, Impressions of Xingtai
—The Urban Design of Xingzhou Road

权海源　张玉琦
Quan Haiyuan　Zhang Yuqi

[摘　要]　快速城市化使得既有的城市空间要素被赋予了新的内涵，邢州大道作为邢台市一条外环路面临着向城市发展轴转型的契机，本文对新形势下道路定位进行了重新梳理并明确了规划目标，通过"功能策划"、"风貌分段"、"重点地段设计"、"特色挖掘"四大规划策略来落实目标，谱写出一曲能够演绎邢台印象的入城交响乐。

[关键词]　迎宾大道；邢台印象；规划策略

[Abstract]　Rapid urbanization makes the existing elements of urban space has been given a new meaning. Xingzhou road as an outer Ring Road is facing an opportunity to change to an urban development axis. In this paper, it's making a repositioning of the road under the new situation, identifying the planning objectives and using four strategies as "Functional planning", "Sectional Design of feature", "Design of key locality" and "excavation of city characteristic" to achieve the objective. It just like composing a symphony to perform the impression of Xingtai

[Keywords]　Yingbin Road; Impression of Xingtai; Planning Strategy

[文章编号]　2015-66-P-102

一、规划背景

作为"京津冀一体化"发展战略中重要的节点城市，邢台市城市发展不断加快，快速城市化推动了城市功能的不断拓展和框架的不断拉大，既有的空间要素被赋予新的内涵，例如传统的外环路面临着职能的转变，邢州大道即是一条正在由北外环向城市发展轴升级的代表性道路。

邢州大道位于邢台市北部，西起滨江路、东至心河路，全长约15.4km，红线宽70m，是一条由四块板，双向八车道构成的城市快速路。本次规划控制范围约10.8km²。道路现状紧邻中央生态公园、凤凰山公园、龙岗山公园等重要生态节点，未来还将串联起行政新区、中央公园、高铁总部等功能片区。东侧预设京珠高速下口，京汉高铁站，是城市对外联系的重要路径。现状铁路以西建设较多，以居住和汽车展

销为主，铁路以东建设较少，有充足的土地存量。

二、定位与目标

1. 区域视角下的邢州大道

在当前邢台中心城市"一轴五星"的城市框架内，邢州大道联系起其中的"三星"（即任县、内丘、皇寺三个卫星城），是促进中心城市北部一体化

发展交通纽带。此外，邢州大道串联起任县产业园、高铁总部区、行政中心、滨江路新区等多个城市功能节点，还是中心城区北部重要的经济发展轴线。

邢台市中心城区在20世纪九十年代以前一直是单中心的城市结构，以中兴大街为发展主轴，随后城市北外环不断变迁，邢州大道作为北外环是一定时期的城市边界。随着城市规模的不断扩大，行政中心北移，邢台市构建起"井"字形、双中心的城市格局，邢州大道随之被定位为与中兴大街同等重要的中心城区北部发展轴，从单一的交通功能转型为带领城市北部经济发展的复合功能带。

2. 优势资源

（1）交通区位优势

邢州大道规划范围内拥有入城高速下口和高铁站，是迎接来客的第一印象空间，此外它作为一条城市快速路与城市内部各条主干路联系便捷，具有良好的交通和区位优势。

（2）生态资源优势

邢州大道东侧坐拥18km²的中央生态公园，紧邻凤凰山、龙岗山等生态公园，加之现状道路两侧各30m的连续绿化带，使其具有得天独厚的生态资源优势。

（3）文化资源优势

邢州大道曾经因靠近著名科学家郭守敬家乡邢州龙冈（今邢台县）而得名为郭守敬大道，后因与"守敬道"重名于2011年正式更名为"邢州大道"。因此，邢州大道也成为展示"郭守敬文化"及相关的文化的重要载体。

3. 规划定位

基于上述道路性质和优势资源分析，规划提出邢州大道性质定位：迎宾大道·动力轴线。

邢州大道是以生态为特色、理性庄重为基调、富有韵律节奏感的迎宾大道；是功能复合、特色鲜明、带动城市功能拓展和集聚的北部动力轴线。

4. 规划目标

蜕变：引领城市结构升级，完成从城市外环路向经济发展轴的华丽转身；

示礼：塑造印象深刻的入城空间序列，示人以礼、以礼迎宾；

展绿：打造生态特色，最大化的将生态资源对外展示。

三、规划策略

1. 展开城市乐谱，完善功能布局

从整个邢台市城市框架中可以看出，邢州大道完善了城市结构，东西向形成高速下口，高铁区与行政中心的快速联系，南北向凭借"钢铁路"、"开元路"、"信都路"等城市主干道串联老城区、高新区等重要城市片区，并且将北部白马河，龙岗山与南侧七里河连通，强化了邢台市的山水格局。

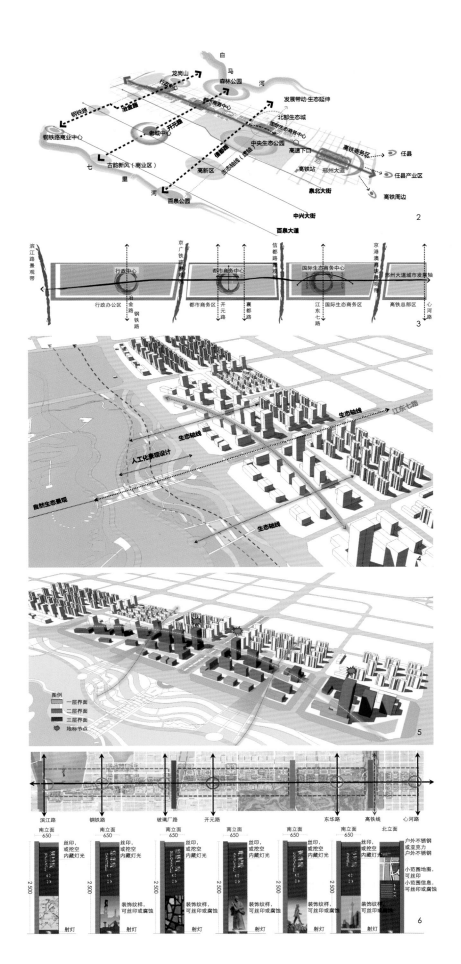

在总体城市结构下，聚焦到邢州大道上，为拓展城市功能，带领北部经济发展，首先对其功能进行策划。由功能引导形象，从而演绎印象邢台。邢州大道当前以居住、低端商业、工业和商务办公为主，规划的行政办公区和高铁商务区使其被赋予更多的行政和商务办公需求。凭借中央生态公园等生态资源优势，邢州大道具有休闲娱乐、生态商务等功能。此外将现有玻璃厂等老工业升级，融入郭守敬文化、邢钢文化等发展创意文化旅游等功能。据此确立邢州大道功能定位为：以商务办公为主导，兼具行政办公、休闲娱乐、文化体验、高端居住、商业服务等功能的复合功能轴线。

在城市总体城市结构及功能定位基础上，确立本次规划空间结构为"一轴三心四区"一轴即邢州大道城市发展轴；三心包括国际生态商务中心、都市商务中心、行政中心；四区包括国际生态商务区、都市商务区、行政办公板区及高铁总部区。由于高铁总部区属于远期建设范畴，且功能相对独立。本次规划着重考虑从高速下口向西的入城序列打造。

2. 律动入城乐章，塑造风貌序列

为使一条15km长的迎宾大道给人留下邢台印象、使人在入城过程中获得愉悦而丰富视觉体验，方案结合功能布局以及相同等级城市迎宾大道长度的案例研究，[1]对邢州大道入城序列进行分段塑造，演绎一曲优美的入城交响乐。首先是紧邻生态公园的"生态"乐章，该区段展示生态与城市的浪漫融合，在入城门户区给人形成"开阔"的空间感受。在自然到自然与人工结合的过渡之后进入强烈的城市景观体验，即"都市"乐章，该段转化为快节奏曲风，是未来城市商务办公集聚区，是整条路段乃至整个城市最高密度、高强度开发的地段，空间形象给人以"聚"的空间感受。繁华的都市氛围过后进入邢台市新的行政办公板块，"市民"乐章，展现理性与沉稳曲风，该路段围绕大型的行政广场而建，让人体验与入城"自然"景观截然不同的人工开敞空间，城市建设给人以"舒"的空间感受。在此基础上形成整条道路张弛有度、特征明显的风貌变化。规划通过"功能引导"、"界面控制"、"建筑控制"三项指标来塑造不同特色的风貌段。

3. 奏响乐曲高潮，打造重点地段

在风貌分段基础上，为避免单调，强化入城印象，规划打造三个重点地段来形成入城序列的最强音。首先是位于门户空间的国际生态商务中心，它展现本地特色的生态景观与低密度高品质生态商务功能融合，将自然的大地景观作为进入邢台主城区的开篇序幕。设计手法上以将中央生态公园与商务区一体化设计为原则，打通二者之间的生态廊道，商务区建筑群水平方向上呈弧形界面、环抱公园而建。垂直方向打造三层界面，逐层升高，从而扩大了二者间的对话面积和视野范围。同样生态公园也分层设计，沿路采

用线性被花卉种植的形式打造标志性生态门户，增加视觉冲击力。中部种植姿冠优美、适地适生的小乔木及灌木。内部以具有特色的大乔木种植作为基底烘托气氛。中间利用绿色廊道将各种景观体验串联，增加整个生态公园的可参与性。

其他两个重点地段分别是都市商务中心和行政办公中心，其中都市商务中心是商务办公积聚区，沿街界面禁止对外开口，所有的机动车均由两侧进入，沿街保证规整秩序的界面，通过建筑群围合来形成开放空间，街区内部设置商业街来满足配套需求。在该地块内设计与原有地标建筑（电信大厦）相呼应的地标建筑来引领地块乃至整条路的制高点。对于行政办公中心而言，现状建成要素居多，本次规划以改造和整合为主，充分利用行政广场这一开敞空间，沿街界面拉平，与广场形成"开""合"对比，体现行政区威严与亲民性的和谐共存。此外，沿街建筑形成内高外低的界面，突出并延长了行政区的中轴线。

4. 生态文化齐舞，彰显城市特色

城市特色的展示不仅需要物质空间风貌的打造，更需要融入生态与文化等精神内涵，只有将两者融合起来，才能进一步提升城市特色。

生态方面规划通过宏观和微观两个层次进行落实，宏观上从整个城市着手，构建起城市的通风廊道。并据此在邢州大道设计中保留并强化了送风廊道，这点对于身陷雾霾困扰的邢台[2]而言至关重要。

7.总平面图
8.总体鸟瞰图

其次利用道路两侧各30m的绿化带打造绿道形成邢台市环城绿道中重要的一环,并且通过行政中心轴线、生态商务区轴线、铁路沿线等绿化带的设计打通和延伸城市纵向生态廊道,使得北部白马河与南部七里河能够对话。这样通过纵横的生态廊道联系将中央生态公园的优势放大到全市范围,从现状的郊野公园转型为一个城市生态格局中最重要的版块。微观上邢州大道设计中引入"绿色街道"的生态技术,绿色街道的核心内容是生态化雨洪处理设施在街道层面的应用,其主要目标是从街道层面建立雨水自然循环体系,去除径流污染、改善水质补给地下水。本次规划构建起连续的生态排水系统,路面雨水通过在中央绿化带上设置植草沟进行收集过滤和传输。地块内的雨水通过在开敞空间设置生物滞留池、[3]可渗透性铺装等设施进行收集,然后汇入路两侧30m的绿化带中,沿途进行过滤、下渗。最终路面和地块内多余的雨水通过地下管线汇入中央生态公园补给景观湿地用水。"绿色街道"雨洪技术的应用在提升了水生态的效益的同时也节省了市政设施成本,使得邢州大道的生态性落到实处。

在生态本底基础上,规划还加入了文化要素来进一步提升城市的内涵。邢台有着3 500年的建城史,是"商殷之源、祖乙之都、邢侯治国"。在悠远的历史中沉淀下许多的文化,仰韶文化、山水文化、佛教文化、以及史上众多的名人文化等等。邢州大道作为迎宾大道需对外展示城市最具代表性的文化特征,

结合作为郭守敬大道的前身,规划确定在邢州大道街区主要植入和输出以"郭守敬文化"为代表的人文文化。并且建立起文化标识系统。通过雕塑系统、道路标识系统、景观小品、城市家具、地面铺装等多种方式植入文化符号,提升邢州大道的文化形象。最终通过生态和文化特色的展示来彰显独特的城市魅力。[4]

四、结语

城市的风貌与特色不足以在一条路径上完全展示,但是一条特色的路径却可以浓缩城市的精华。邢州大道作为一条城市迎宾大道,不仅承载着多元化的城市功能,更是展示城市风貌特色的舞台。本次规划首先通过对城市结构和功能研究展开入城的乐谱,之后通过道路风貌分段,在高速以西形成三个入城乐章,进而打造重点路段来奏响乐曲的高潮,在此旋律下生态和文化翩翩起舞,彰显和宣传城市风貌特色。这样,通过一曲悠扬的入城交响,演绎了一幕秩序井然、特色突出的邢台印象。

注释

[1] 通过对沧州市的北京路、邯郸市的人民东路、新乡市的金穗大街和桐庐县的迎春南路等典型的迎宾大道尺度实证分析,得出适宜的长度为3~4km。

[2] 生物滞留池(也称雨水花园)是自然形成的或人工挖掘的浅凹绿地,被用于汇聚并吸收来自屋顶或地面的雨水,通过植物、沙土的综合

作用使雨水得到净化,并使之逐渐渗入土壤,涵养地下水,或使之补给景观用水、厕所用水等城市用水的一种生态可持续雨洪控制与雨水利用设施。

[3] 根据2014.1.10绿色和平组织发布的全国74个城市2013年的PM2.5年均浓度排名中,邢台市名列首位。

[4] 参考《邢台市雕塑专项规划》。

作者简介

权海源,天津大学城市规划设计研究院,硕士研究生;

张玉琦,天津大学城市规划设计研究院,规划一所副所长,国家注册规划师。

项目负责人:李绍燕

主要参编人员:张玉琦 朱亚楠 吕彬 卢杰 李建玲 权海源 潘睿智 杨博

阿拉善盟左旗巴彦浩特营盘山都市核心区风貌规划设计
The Landscape Planning of the Main Block in Bauanhaote Alashan Left Banner

柴冠秋
Chai Guanqiu

[摘　要]　近年来，随着城市经济的快速发展，阿拉善巴彦浩特城市建设速度逐步加快，城市面貌即将发生巨大变化。因此，在这个关键时刻，必须对城市核心资源进行梳理，制订有效策略，发挥城市特色资源优势，引导和控制城市的开发建设有序进行。为了合理确定规划基地在整个城市中的作用和定位，以及确保规划设想的落实和体现，规划方案从整体规划、详细设计和控制体系三个方面入手，制订全面可行的规划策略。

[关键词]　城市风貌；都市核心区

[Abstract]　In recent years, with the rapid development of urban economy, urban construction of Alashan Bayanhaote gradually accelerating pace, the urban landscape is about to be changed dramatically. Therefore, at this critical moment, we must sort out the urban core resources and develop effective strategies to play urban characteristics resources, guide and control the development and construction of the city in an orderly manner. In order to determine the role of planning and positioning bases throughout the city reasonably, and to ensure the implementation and planning assumptions reflect, Planning program develop a comprehensive and feasible planning strategies from planning the overall planning, detailed design and control system of the three-pronged approach.

[Keywords]　Urban Scene; Metropolis Core Area

[文章编号]　2015-66-P-106

一、新时代城市风貌的打造

1. 新时代经济发展迅猛

近年来，以资源型产业的迅猛发展为主要推动力，阿拉善经济持续快速增长。2012年全盟实现地区生产总值454.76亿元，同比增长13.4%。三次产业结构的比例由上年的3:82:15调整为2:83:15。按常住人口计算，人均地区生产总值191 841元，比上年增长11.8%。城市建设提速。

2. 城市建设提速

在城市经济迅猛发展，城市建设速度提升，阿拉善巴彦浩特城市面貌即将发生巨大变化的关键时刻，如何保护城市的地方性和传统特征、强化城市风貌特色，已经成为推动城市可持续发展中的迫切需求。在此背景下，必须对城市核心资源进行梳理，明确城市特色所在，制订有效策略，发挥城市特色资源优势，引导和控制城市的开发建设有序进行。有效弥补现状法定体系在保护和强化城市个性特色方面的不足。

3. 城市风貌规划概述

城市风貌规划所涵盖的内容较为广泛，主要涉及城市及其周边的自然环境、城市发展的历史积淀、城市建设的人工景观环境、市民社会生活习俗等方

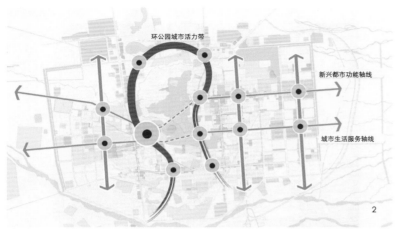

环公园城市活力带

新兴都市功能轴线

城市生活服务轴线

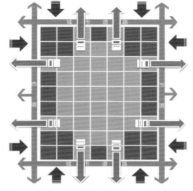

以下四个要素将是规划区域成为成功的城市核心的基础：

对接城市的
功能布局

山水统领的
景观系统

特色鲜明的
主题空间

顺畅通达的
交通系统

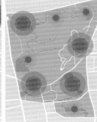

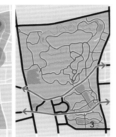

1.巴彦浩特营盘山都市核心区鸟瞰图
2.阿拉善空间结构规划图
3.决定城市核心的四个要素
4.依托交通的布局模式
5.营盘山都市核心区低强度的开发模式

面。城市风貌规划以空间为载体，通过整合城市中自然、历史、人文要素，达到强化城市特色、塑造城市个性的目标。城市风貌规划编制中，一般首先分析总结现状风貌特征，在此基础上概括城市风貌要素，提出城市风貌总体定位与总体结构，制定规划目标与规划策略，对重点地段、重要节点提出较为具体的风貌控制引导。

二、阿拉善营盘山都市核心区的空间结构特征和风貌打造原则

1. 空间结构特征

城市的总体结构是"一心双城"：由营盘山生态绿化和东西双城构成。现状营盘山和生态园绿化核心面积已经达到6.1km²，是本次规划的核心片区。未来，随着南梁生态区的建设，其面积将会进一步拓展。东城以生活服务职能为主，西城以特色产业职能为主。目前城市整体建设情况参差不齐，东侧盟委政府周边为城市新兴片区，建设情况较好，营盘山生态核心周边为城市老区，集中大量待改造城中村。

2. "一心双城"的现实困境

"巴音绿心"是阿拉善巴彦浩特最易辨识的城市整体空间结构特征。它对于巴彦浩特的意义就如同"黄浦江"对于上海，"中央公园"对于纽约的意义。阿拉善巴彦浩特现状城市人口约9万人，但城市建设面积约24km²，具有典型的地广人稀的特征，双城并置的结构进一步分散了城市有限的人气。核心公园宽度约2km，给东西两城的联系带来了不便，对比香港的维多利亚湾和上海的黄浦江，巴音绿心的宽度分别是维多利亚湾的2倍，黄浦江的5倍，对城市的分割作用将十分巨大。因此能否强化城市核心，积聚人气成为打造"巴音绿心"的关键。

3. 特色空间构建原则

常见的特色空间规划往往将城市机械切割为数个独立组团，给每个组团分配不同的主题特色，并机械地照搬主题原型的特征，往往造成城市特色的模糊和形象的混乱。而城市特色是一个有机联系的整体，某种主题的特色片区往往只是以该主题为主，其中也会复合其他的城市特色主题。因此城市特色空间的架

构也不只是简单机械地划分，必须整合现状资源，合理梳理脉络。

三、阿拉善营盘山都市核心区的风貌打造原则策略

1. 依托生态的城市核心

从《巴彦浩特镇总体规划》分析，公共服务中心基本位于东西双城，包含城市核心两个，片区中心七个，公园地区缺少公共中心，服务设施匮乏。公共中心主要为商业购物、餐饮、行政办公等功能，缺少文化、休闲、娱乐等时间型消费功能类型。作为阿拉善盟的旅游交通枢纽和城镇游最佳目的地，城市内仅有乌日斯旅游区和定远营两处特色展示区，严重缺乏具有阿拉善文化特色的主题体验功能。

以营盘山为核心的生态走廊贯穿城市南北，是绿色休闲生活的优良基底，能够为旅游度假、文化体验、休闲娱乐等功能提供优质的生态背景。定远营是巴彦浩特的发源地，周边的村庄、南大街、营盘山、水系都兴有悠久的历史和丰富的文化积淀，为展示巴

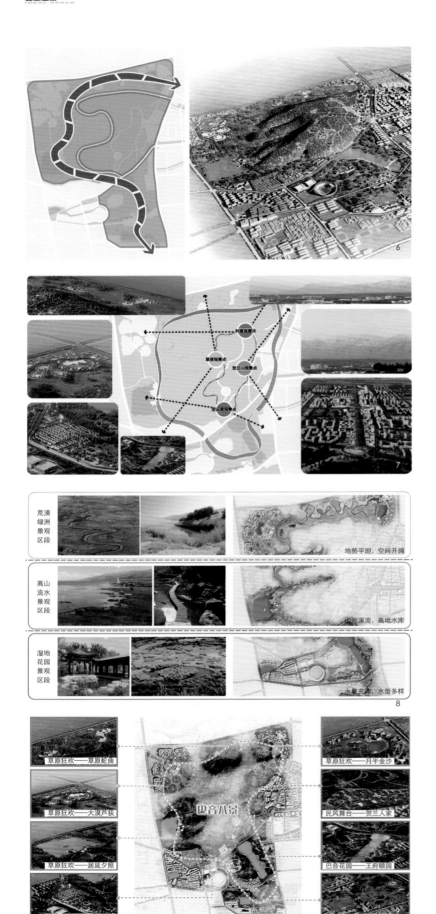

彦浩特特色文化和风情提供了重要的历史文化背景。规划其为以"生态休闲"为基础职能，"旅游服务"和"生活服务"为主要职能的综合型城市核心。

2. 对接城市的功能布局

（1）巨大的空间尺度

南北贯通的城市公园在为城市带来巨大生态效益的同时，也将城市分割为东西两部分，巨型空间尺度使规划区游离于城市架构之外，将对规划区的空间布局产生重大影响。公园的用地面积为652hm²，在用地规模上大于一般城市的公共绿地核心，甚至与一些世界级城市的核心绿地规模相当。因此，实现与城市功能和空间的对接，是本次规划首先解决的核心问题。

（2）差异化的用地模式

规划用地被城市主干路分为南北两个区段，从用地规模、生态环境条件、内部主要功能、外部发展条件、潜在受众群体五方面对核心区用地综合分析发现，两个区段用地的发展条件差异性极大。根据用地在空间规模、资源特质、建设情况等方面的条件，结合总体规划，规划以王府路为界线，将用地分为自然风情体验和人文风情体验两个功能区段。

（3）依托交通的布局模式

规划区四周环绕城市干路，这使其内部用地与城市空间对接方面的特性产生差异。内部和外部用地在交通可达、功能连续、山水资源和空间感受方面都呈现出截然不同的特点。

沿道路交叉口集中布置服务功能地块，规划区内部为完整的生态公园，形成散点布局，在服务功能和生态景观上实现城市空间的相互渗透。同时注重对现状已建设用地的利用，通过改造、拆除现状村庄、工业厂房实现服务功能的提升，维持已经形成的生态格局，避免对现状生态绿地造成破坏。

（4）低强度的开发模式

自然风情体验和人文风情体验两个功能区段，分别承担旅游服务和生活服务职能，依托交通形成散点状布局，采用低强度开发模式，避免破坏现有的生态环境和景观格局。

3. 山水统领的景观系统

营盘山和散布的水体是统筹景观系统的核心要素，但是现状山水景观资源没有得到充分利用。规划以山水核心资源为统领，打造山地景观区和水体景观区，形成完整连续的景观体系。营盘山是在城市各个方向都能看到的巨大山体，是巴彦浩特最核心的视线背景，规划利用山体形态特征，梳理外围建设，将营盘山打造为城市的生态景观地标。规划通过强调主峰特色景观和清理外围景观界面来实现。强调主峰特色景观：是指通过布置广场和雕塑，种植花色植物等方式，突出两个山体主峰，打造驼峰春晓的特色山体景观。清理外围景观界面：是指沿外围打开城市对山体的规划界面，在建设区布置低层低密度的建筑，避免建筑对山体景观的遮挡。营盘山是城市最核心的的观景平台，规划在山顶增设多处观景平台，一览巴音特色景观。规划区地形变化丰富，根据各自的地形特征，将水系分为荒漠绿洲、高山流水、湿地花园三个特色水体景观区段。

4. 特色鲜明的主题空间

规划的各个层次均需要对城市风貌做考虑，而在现状的风貌规划中，往

6.营盘山都市核心区山水统领的景观系统
7.营盘山都市核心区城市核心景观平台
8.营盘山核心区贯穿南北的生态水道
9.营盘山都市核心区特色鲜明的主题空间
10.定远怀古
11.巴彦浩特营盘山都市核心区鸟瞰

往更多地关注于宏观层面,对城市整体风貌的意向性描述较为详尽,但在中观和微观层次的规划内容和深度较为薄弱,各层次之间缺少联系,城市风貌控制体系不够完善。导致城市整体层面的规划意图难以深入落实到微观的城市建设中。因此,规划以阿盟景观和文化为特色,针对不同的目标受众群体,围绕山水景观节点和服务功能区,依据主题区的特色布置主题中心,使生态核心成为巴彦浩特的活力磁极。为游客和市民提供各种文化体验和休闲娱乐活动的可能性,激发并保证片区持续的活力和吸引力。规划依托三个主题功能区,以山水景观串联,结合各个主题节点,在生态核心外围打造巴音八景。

本文选取三个典型规划景观风貌区进行阐述。

(1)定远怀古

定远营及其周边地区是巴彦浩特的发源地,有着悠久的历史和文化积淀,是最重要的历史资源和旅游资源,现状旅游开发尚不完全,规划通过街区更新和市民参与,恢复原汁原味的"塞外小北京"文化体验。"金盆卧龙"特色风情体验区的主要功能是:旅游观光,特色购物,文化体验。它划定为重点区和景观协调区,重点保护区严格保护历史古建、改造更新传统民居,景观协调区加强商业特色建设、恢复外城传统格局。改造更新传统民居,梳理空间格局,打通主要轴线的街巷开敞空间。依据传统四合院建筑,改造更新现状民居,恢复"小北京"明清建筑风格。

(2)贺兰人家

阿拉善的蒙古族主要为和硕特部,保留着许多早期的传统礼仪和习俗,本地特色非常鲜明。由于地处边关,受到外族影响的同化较少,阿拉善和硕特部仍保留着很多早期的传统礼仪和习俗,传承并创造了内涵丰富、特色鲜明的地域民族文化。规划打造一处集主题商业、餐饮、住宿、演艺于一体的综合旅游街区,集中展现阿拉善和硕特蒙古族的特色风情。历史上的蒙古族分为游牧圃草原上的"草原百姓"和渔猎于森林中的"林中百姓"两大基本部分,后来逐渐成为东部蒙古和西部蒙古。规划依据现状地形,打造层叠错落的山地森林小镇景观,展现"林中百姓"特色风采。

(3)大漠芦荻

阿拉善的荒漠草原具有独特的自然特征,散布的湖泊和绿洲造就了阿拉善蒙古族依湖而居的独特聚落模式。规划结合水系布置特色住宿、餐饮、游乐设施,打造草原游牧主题的旅游度假服务区。结合水系布置住宿、餐饮、游乐设施,展现阿拉善游牧民族依水而居的特色。在金帐核心区引入多种蒙古文化娱乐、运动竞技设施。展现驼乡风采,规划骆驼观园,提供本地独有的阿拉善双峰驼特色体验。

四、小结

城市风貌特色是一座城市明显区别于其他城市的个性特征,也是城市的品味,竞争力所在。城市风貌规划对于提炼与维护城市特色,起到了不可替代的作用。要更好地发挥城市风貌规划的作用,还需要在提升控制力、可操作性、可实施性方面有所突破和发展。阿拉善盟规划设计对城市风貌的控制从宏观层面深入到中观和微观层面进行了一次探索。

参考文献

[1] 尹潘. 城市风貌规划方法及研究[M]. 北京:同济大学出版社,2011:20-50.

[2] 李明,朱子瑜. 城市风貌规划的技术解读与思考:以黑河市为例[C]. 城市规划和科学发展:2009中国城市规划年会论文集,2009.

[3] 蔡晓丰. 城市风貌解析与控制[D]. 同济大学博士论文,2005.

[4] 杨华文,蔡晓丰. 城市风貌的系统构成与规划内容[J]. 城市规划学刊,2006(2).

[5] (日)池泽宪. 城市风貌设计[M]. 郝慎钧,译. 建筑工业出版社,P76.

[6] 俞孔坚,奚雪松,王思思. 基于生态基础设施的城市风貌规划:以山东省威海市城市景观风貌研究为例[J]. 城市规划,2008(3).

作者简介

柴冠秋,硕士,北京清华城市规划设计研究院详细规划研究中心,规划师。

主要参编人员:柴冠秋 吕涛 高长宽 张久东 王勇

亦山亦水，亦游亦栖
——遂宁市仁里片区概念规划

Mountain and Water, Living and Leisure
—Concept Planning of the Renli District of Suining

张 恺
Zhang Kai

[摘　要]　城市新区的风貌，往往成为规划师"打造"的产物，而忽视了其本身与生俱来的特质，但正是这些特质才是风貌形成最根本的原因。遂宁市仁里片区规划中，基地有着得天独厚的山水环境，而其中的老街虽已衰败，却沉淀了大量的历史信息。在这样一个新老交错、自然与人文交织的地区，需要在厘清线索的基础上，为风貌特色的发展确立一个明晰同时不过分的框架，推动其风貌格局的动态演化。

[关键词]　动态演化；风貌格局；水系规划；仁里老街；民俗文化；邻里单元

[Abstract]　No urban district is developed from nothing. There is always something which has influenced the actual vision of our site. The characteristic of the site cannot be "invented" but should be "discovered". The duty of urban planner is to make a frame to develop such characteristic.

[Keywords]　Dynamic Evolution; Landscape and Structure; Planning of Water System; Historical Town of Renli; Popular Culture; Neighborhood Unit

[文章编号]　2015-66-P-110

　　一个城市片区不论在哪里，不论处于发展的哪个阶段，总能找到其发展的历史渊源，起码有基本地理要素的影响。城市建设中的统一整治、建设、招商往往会使生动的空间活力和社会生活消失，抹杀历史和民间创造的多样性，从而损害一个地区发展传承的真实性，模糊人们对城市风貌的识别和判断。规划所要做的就是寻找一个地区空间形成的本源，从整体上把握空间尺度以及城市格局的动态演变规律，对风貌的塑造提供必要而不过分的技术参考，使得城市空间的特征能够在一定框架下动态地发展。

　　遂宁市地处四川盆地中部腹心，涪江中游。仁里片区是遂宁市河东新区的重要组成部分，规划定位为城镇副中心。整个规划片区被山水环绕，北有联盟河，西有涪江，东有东山。仁里老街，也称"仁里场"，是该规划片区中的重要历史节点。仁里场始建于明孝宗弘治三年（1490年），至今已有五百多年悠久历史，因其背山环水的地理特征，从涪江古渡到灵泉禅寺，成为中国"朝拜观音第一站"。

　　仁里片区为待开发的城镇核心片区，同时又承载了老街厚重的历史文化，空间格局和尺度均有一定的参照对象，需要将山、水、老街及其承载的观音文化和民俗文化，作为塑造仁里片区城市风貌特色的基本出发点。

一、风貌主题

1. 山、水

　　遂宁是"西部水都"，在仁里片区内部进行水系沟通、布局，打造不同尺度的水环境，充分发挥两水抱城的区位优势，无疑是打造其风貌特色的重要方式。仁里片区的优势还在于，它不仅有两江环抱，还背靠青山。因而在整体性方面，首先通过各片区标志物的规划，展现一幅优美的"涪江画卷"。"涪江画卷"上各个景观标志物的点位，又进一步为各片区功能的中心节点提供了规划的依据。

2. 老街

　　仁里老街沿河带状生长，据民国时期的记载，"老街建有两排整齐的小青瓦房500余间，街宽约4m，街檐约1.3m，街面全铺装青石板，与涪江轮渡和小船两个码头相接，最热闹的地方是码头、上街和中街。"今天仁里老街的空间肌理没有太大的变化，但是建筑质量普遍较差，传统商业功能基本衰败，建筑风貌特色也不明显。对于这样一个街区，风貌的打造则必须与城市复兴的目标和对策相适应。

二、风貌特色打造对策

1. 不同尺度水系规划

　　仁里片区不同尺度"水"的丰富性是形成规划空间结构的决定性要素。片区内部形成网状水系，或为沿路，或为开放水面，与城市功能紧密结合，形成多种形式、多种功能的滨水休闲区，为城市生活、休闲旅游带来活力。其中，沿城市道路的水系构成了城市空间结构的骨架，对新建区域和仁里老街，又有不同尺度的水系处理方式。

　　（1）仁里老街：水陆纵横

　　仁里老街目前面临的状况是：现有整体建筑风貌及街巷格局保留较好，但单体建筑质量较差，急需整治。现有人口大多为老人、小孩及外来人口，城镇功能衰败。老街的复兴依靠其本身的动力可能很难实现，需要借助一定的外力。距离城市中心3km的区位，以及遂宁市民传统上对于休闲活动的喜好，有条件发展城市休闲产业。而风貌特色的继承和发展，则是老街功能的转型的一个有力工具。

　　水陆纵横交错，打造仁里水乡。仁里老街是整个片区风貌塑造的亮点，同时其整体更新又是规划的难点。对"三街、五场、九巷"历史格局的恢复，奠定了仁里老街空间发展的基础，规划不同片区的功能则在这一基本框架下填充。由于建筑、街巷密集，因此规划在仁里老街内布置"窄而密"的水系，每条水巷宽约为1～2m的浅水，与原有街巷尺度保持一致，配合老街丰富的功能，塑造小尺度的水景观。

　　"三街"：仁里老街、通惠路、五圣路。

　　"五场"：古渡广场、滨江广场、仁义广场、仁里广场、入口广场。

　　"九巷"：仁里巷、斋饭巷、中茶巷、印染巷、棉花巷、冰糖巷、福锦巷、书院巷、酒吧街。

　　五百年历史、五百年文化积淀在一条仁里老街上。在功能的布局上，由西到东，首先发掘码头文化，设置码头集市，复原仁里码头的繁荣景象。在中街位置规划民俗文化体验区，未来则是整个仁里老街的活力核心区。

　　（2）仁里新区：水上游线

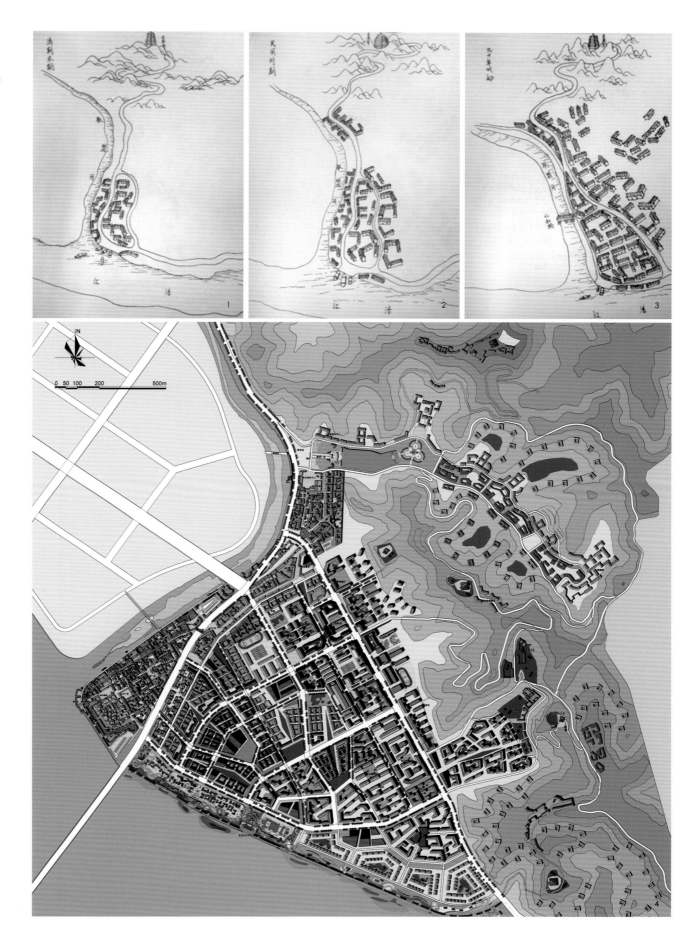

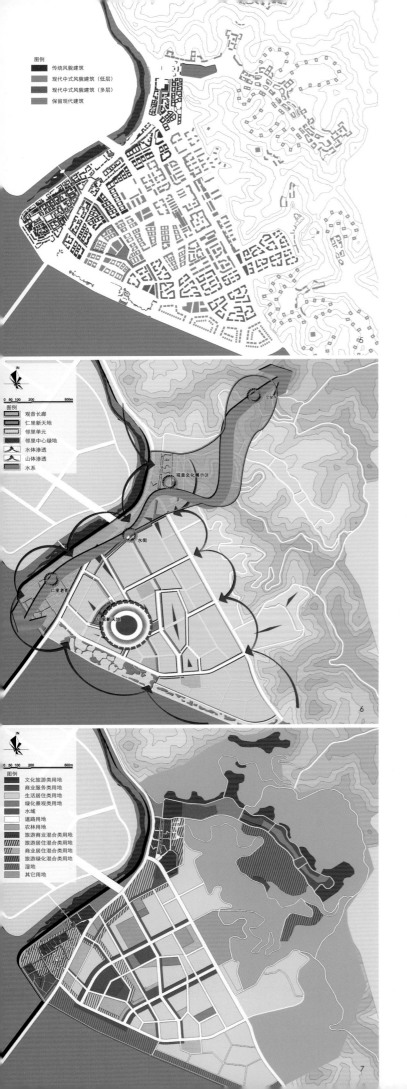

新建片区在用地上有较大的余地，规划考虑以水上游线的方式组织空间骨架，在尺度上则明显有别于老街的水乡尺度，成为城市道路景观的构成要素。规划宽度为5～10m的河道，连接老街、新区和涪江。

2. 核心节点：仁里新天地

规划中城镇功能打造的重点，同时也是水系规划中的核心节点。"仁里新天地"为仁里新区打造的引擎项目，以"水系环流"为特色，成为区别于其他城市单元的标识。

该片区现状为空地，可操作的景观处理方式更为多样。规划以"环水抱区"为特色，有较大面积的水面，动中求静，有助于提升仁里片区的整体城市形象，并成为整个规划区域的城市生活中心。

3. 邻里单元特色塑造

规划在整体水系结构的框架下，创造不同风貌类型的邻里单元，彼此之间形成微妙的衔接和过渡，实际上也起到了风貌分区的作用：

（1）传统滨水邻里单元

以传统合院式建筑形式为主，遵循了仁里老镇的建筑尺度及空间肌理，是对老镇尺度的延续，也是与多层住宅组团的过渡区域。在功能上除居住之外，兼容养老产品及酒店式公寓。在空间环境上，是城镇环境打造的重点，也是规划水系密集区域。

（2）都市滨水邻里单元

是传统滨水邻里单元的延伸区域。住宅类型为多层住宅，是本区住宅消费的主流产品。都市滨水邻里单元讲求建筑组合的多样性、建筑功能的复合性，形成有别于普通住宅形式的住宅单元。因其向心性较强，有利于在城市内形成若干个相对完整的邻里单元。

（3）都市沿山邻里单元

沿山居住组团，在现有建成情况的基础上，进行补充性的建设。建筑以多层为主，靠近山体部分的建筑逐渐减小体量，形成从密集型的居住组团到松散型居住组团的过渡。

4. 对国道两侧区域的风貌改造

原318国道东西向横穿规划片区，并割裂了仁里老街和新建区域的空间联系。按照规划，318国道未来将承担更多的城市功能，特别是将成为连接仁里老街与城镇发展区的重要通道，并承担仁里古镇主要的旅游集散功能。其交通功能将逐步减弱，城镇功能将逐步加强，对城镇景观的影响较大。需要结合功能的调整，对沿线建筑及景观进行整体升级改造。

考虑到沿线建筑仍有实际的使用功能，规划中的处理手法主要以保留改造为主，包括适当降层、增加传统构件、改进路边铺装、增加建筑小品等，整体改造为新中式风貌，使其成为观音祈福道的门户节点。

四、风貌格局演化的概念

不论对新区规划还是旧区更新，对城市风貌特色塑造都应寻找其独有的影响因子，而不是草率地为一个地区"定义"它的风貌。在旧区更新的工作中，风貌特色的塑造与旧区功能的复兴有直接的关联，风貌特征节点，也往往考虑作为功能更新的节点，在这里风貌成为带动旧区功能推进的一项利好条件。在新区的建设中，与基地相关的风貌特征有时并不明显，同时因为其作为新区的定位，容易忽视实际上存在的特点，但事实上任何一个城市地区，空间现状总是有其发展形成的原因，最直接的就是地理和气候的要素。因而城市风貌的塑造永远不是一项孤立的工作，风貌的形成不是一蹴而就的，规划应有这样一种尊重"现状"的观念，了解城市风貌动态演化的必然性，技术手段只能推动而不是代替这样一种演化。

作者简介

张恺，上海同济城市规划设计研究院四所所长，法国高等社会科学研究院（EHESS）博士，高级工程师。

5.建筑风貌分区图
6.仁里片区规划结构图
7.仁里片区用地规划图
8.仁里片区概念规划鸟瞰
9.仁里老街效果图，从涪江码头到"三街、五场、九巷"

规划影响色彩，色彩塑造城市
——《莒南县城色彩规划》实践思考

Summary of Color Scape Planning for the City of Junan

韩 淼
Han Miao

[摘　要]　城市色彩规划是城市管理的重要工具，某种意义上说，可与城市空间规划相对应。多年来，城市色彩规划在我国的实践效果并不十分理想。笔者总结和归纳了以往城市色彩规划经验与教训，并研究了国外成型的城市色彩规划案例，汇总出一套色彩规划方法。2012年的山东莒南县城色彩规划是对这一方法的实践。本文将通过对这次色彩规划项目的介绍，阐释笔者对这一项目类型的思考。

[关键词]　色彩规划；实践；色彩心理学；原型；色谱

[Abstract]　Color Scape Planning is an important tool for urban management. In a sense, Color Scape Planning and Urban Space Planning correspond to each other. Over the years, the effect of the implementation of Color Scape Planning in China is not very satisfactory. I have reviewed and summarized the previous Color Scape Planning experience and lessons, studied several foreign Color Scape Planning cases, and summarized a set of Color Scape Planning methods. The Color Scape Plan of Shandong Junan County is the practice of this method. This article will illustrate the author's thinking on this type of project though the case of Junan County.

[Keywords]　Color Space Planning; Practice; Color Psychology; Prototype; Chromatograph

[文章编号]　2015-66-P-114

1.技术路径
2.丰富多彩的粉墙黛瓦被概括为简单的白墙黑瓦，显然是设计师的误解
3.莒南县城噪色建筑

规划界存在一种说法，认为城市色彩规划用处不大。这一说法大致可归因于：其一，国内成功实施色彩规划的案例少之又少，到目前为止，还没哪个城市完全按照色彩规划实施过城市改造，色彩规划的操作性普遍较差；其二，色彩规划往往是给城市穿衣戴帽，无法解决真正的城市问题，容易沦为政绩工程；其三，规划师没有资格决定一个城市未来是红色还是绿色，广州之"黄灰色"，长沙之"橘红色"，杭州之"灰色"的主色调论就曾引发诸多误解；其四，色彩规划的度很难掌控，松了没用，紧了难用等等。通过对城市色彩规划方法与管理手段的改进可在一定程度上解决这些问题。

一、城市色彩规划的出发点

特定时间内的物质世界是由空间和颜色构成的。人所能感知到的颜色和空间是有限的。颜色通过附着在空间上为人所看到，空间形态也会因不同颜色产生一定程度的变异。例如，白色令空间膨胀，黑色令空间收缩。色彩还可以带给人不同的心理感受。美

国建筑师曼克（Frank H. Mahnke）就利用色彩对人心理的影响进行建筑色彩设计。城市色彩与城市空间都是在人类改造自然的影响下逐步形成的。政治经济学角度出发的空间规划与美学角度出发的空间规划相互碰撞，纯粹的经济实用不能解决人对于空间环境的感知需求，人对美的追求是无止境的。视觉美学少不了形态美和色彩美的融合。

从美学角度出发，城市色彩规划对城市空间规划具有积极意义。需要阐明的是，城市色彩规划的核心目标并非让城市拥有单一的色彩偏好，城市色彩管理的出发点是要协助空间规划，营造舒适、合理、美好的城市环境。试图通过色彩规划来使城市变成统一颜色倾向，或希望使城市变得与众不同的想法和做法，是片面的。

二、基于《莒南县城色彩规划》的实践经验

城市色彩是公共环境重要组成部分，规划须体现公众利益；城市色彩规划是城市管理工具，可操作性显得尤为重要。《莒南县城色彩规划》的实践，尝

试解决这两个问题。

1. 技术路径

色谱是多个色彩的集合。色彩规划最重要的成果之一就是"色谱"。《莒南县城色彩规划》对不同空间尺度和形态层面的色谱进行弹性管理：其一，在县城总体、分区两个主要层面上对色谱做出了规定；其二，色谱根据其所对应的建筑部位进行分类规定。并在此基础上提供相应的配色原则或范例。

2. 现状调查

现状调查首先是对不好的城市色彩进行噪色分析，总结现状城市色彩特征；其二是归纳城市色彩原型。我们采用的标准是《中国颜色体系》与《中国建筑色卡》。

（1）噪色分析与现状色彩

噪色会对人心理、感官产生干扰。"噪色"体现在：中高明度、色相混杂、高纯度色，突兀于城市环境。

根据色彩心理学原理，这些颜色不适合作为城

市建筑的主体颜色。在调研测色基础上，将"噪色"色标标注在色立体[1]上。可以看出，莒南县城中"噪色"色相范围大，呈现中纯度、中高明度特点。或鲜亮或晦暗的色彩使得建筑物十分突兀，影响到城市美好环境。

此外，用相同的测色方法对现状各类功能建筑调查，得出如图4所示的现状城市建筑色彩分析图。现状色纷繁复杂，在一定程度上呈现出对5R-5Y色相的偏好。

噪色分析和现状色分析展示了城市色彩现存状况，一些低明度和高纯度的色彩，在规划当中将成为禁用色。

（2）原型色彩提取

原型色彩是规划色谱的重要理论依据。从色彩地理学角度，原型色彩提取具有较强的文化意义和逻辑性；从心理学角度，原型色彩表达了公众潜意识里的色彩偏好，是公众参与的一种科学途径。

城市色彩规划起源于欧美历史街区保护，欧洲大多数色彩管理是针对历史保护区的。20世纪70年代法国色彩学家让•菲利普•朗克洛（Jean-Philippe Lenclos）提出保护自然环境和人文环境，并第一个提出了"色彩地理学"的概念，他认为建筑色彩会根据所处地球上的位置不同而发生变化。例如历史街区便带有重要的人文特征。同时，如何挖掘公众内心深处对于城市色彩氛围的渴求？古代圣托里尼建筑群，大量选用彩色；徽派建筑，偏好粉墙黛瓦；平遥古城偏好青砖青瓦等。这些都是尚存比较明晰的色彩倾向。卡尔•荣格在《集体无意识的原型》当中对集体无意识进行如下表述："是一种可能，以一种不明确的记忆形式积淀在人的大脑组织结构之中，在一定条件下能被唤醒、激活。"可以认为，公众对于城市色彩的潜在偏好类似集体无意识，是藏于海平面之下的海基。任何地区的人群对于生活环境、构造物色彩的选取都是从潜在的心理需要出发，这种需要可能最初来源于本地材质、宗教信仰、封建规制。但是这种传统在数百年上千年的演化中变成了一种文化心理。

此外，任何一种已有的城市色彩都不是纯色，都是复杂色彩构成的，图5以粉墙黛瓦的徽派建筑为例，徽派建筑色彩丰富，并非只有白色和黑色组成。

从自然因素、文化属性、本土建筑等三个大类要素中提取原型色彩，得出色彩原型范围。莒南县城的色彩偏好集中在中高明度、低纯度为

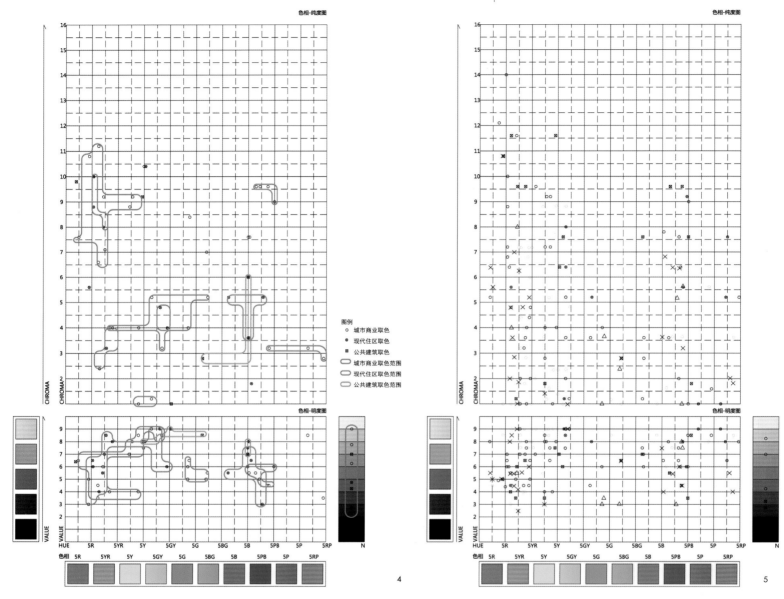

4.噪色在色立体中的分布范围
5.现状城市建筑色彩分布图
6.原型色彩提取分布图
7.色彩规划分区

主，5R-5GY色相值之间。色彩偏好会色彩规划总谱倾向。建筑推荐色谱和特殊地区色谱将更多考虑色彩偏好区间的颜色。

3. 总体层面

在县城层面，为提高色彩管理效率，规划提供"色彩规划总谱"和"建筑推荐色谱98色"两种色谱。

（1）色彩规划总谱

总谱是从色立体里挖出来的一块，一般具有全色相、纯度、明度连续的特质，用于控制色彩总体的明度、纯度倾向性及色相偏好。对于面积较大的城市

来说，可以考虑针对不同规划分区设定色彩总谱。面积较小的城市使用单一一套色彩总谱即可。莒南县城属于小城镇，规定一套总谱全城通用。

根据建筑竖向色彩分布将总谱通过建筑基色调（占据建筑外表面20%～80%）、建筑辅色调和建筑屋面色三个最主要的建筑色彩类型予以表达。基色调颜色范围较小，可大面积使用，最为安全。对比搭配在明度高、纯度低的情况下，不协调感会降低。基色调在城市大面积范围内均可使用。采用色彩规划总谱在大范围层面不会出现噪色，从而影响宏观环境。表1是色彩规划总谱的范围。

其中，建筑外墙立面上大于5%的广告牌应当按照辅色调的选色范围选色。其他的广告牌、店招及街道家具均可使用自由颜色配合城市环境。

（2）建筑推荐色谱98色

在用"色彩规划总谱"确保全覆盖所有城区之后，为了方便管理者对色彩的使用需要，规划提出了建筑推荐色谱98色。这些色彩是根据"色彩偏好"和色彩设计研究汇总出来的。

建筑推荐色谱98色与"色彩规划总谱"没有关系，是在总谱的基础上提供的另外一种用色可能性。因此，色彩的明度和纯度变化较大，且偏向于5R-

5GY的色相范围，相对大胆。规划根据建筑功能提供相应配色方案。推荐色谱98色是用以指导具体项目的配色。建筑推荐色谱每个颜色均选自《中国建筑色卡》，有各自色标，便于各个层级规划设计的对接与后期管理施工。"建筑推荐色谱"具备以下特点。

①针对某一个特定城市，可以选取和设定针对性的推荐色一套（几十色至一百色左右，过多不便于操作）。

②推荐色可以在文本中以色标配图示的方式出现（成果中可以提供相应内容的标准色票）。

③推荐色的使用方法以导则形式出现。

④每一个推荐色都需要提供相应的配色方案，以表达其未来可能的配色倾向，提供给甲方使用。

出现推荐色谱不够用，且无色彩专家指导的情况时，可以采用总谱色谱范围内的颜色予以搭配补充。

表1　　　　　　　　　色彩规划总谱

适用部位·面积	色相	明度	纯度
基色调 （70—80%）	5R-5YR	5-8.5	4
	5R-5YR	5-6.5	4.5-6.5
	5R-5YR	>8.5	0-4
	5.1YR-5Y	5-8.5	<6.5
	5.1Y-4.9R	5-8.5	<2.5
辅色调	5R-5YR	2.5-8.5	<7.5
	5.1YR-5Y	2.5-8.5	<8.5
	5.1Y-RP	2.5-8.5	<4.5
	0.1R-4.9R	2.5-8.5	<3.5
屋面色	5R-5Y	2.5-3.5	<6.5
	5.1Y-4.9R	2.5-3.5	<3.5

4. 分区层面

（1）分区思考来源

对比日本东京的色彩规划与德国Kirchsteigfeld规划项目的色彩设计，可看出两种不同性质层面管控结果的差异。日本东京色彩规划在总体层面上追求保守的彩效果，建筑基色调选取中低纯度和中高明度的色彩，色相选择没有明显偏好，普通地区建设当中，可选色彩类型丰富又不会有突兀和不协调的色彩出现。总体规划便运用了东京方案的逻辑。德国的Kirchsteigfeld案例是在总面积约为58hm²的用地上开展的色彩设计。色彩设计师Spillman被主管单位赋予全权对色彩进行设计和控制。所有的建筑设计师必须遵循他在色彩设计方面的取向，每栋建筑的立面主要色彩都被制定好。因此，整个方案具有极强的个人特色。根据对以上案例的分析，可以看出，城市级别的色彩规划管理最重要的是关注整体协调性。个性化的色彩设计在片区尺度上开展。

鉴于以上对比，可以得出本设计自己的分区逻辑。

（2）分区方法

根据对普遍地区的色彩规划和特殊地段色彩设计案例的比对，规划认为无须对全城进行完型分区，须对县城进行特殊地区与一般地区的划分。特殊地区是指在城市当中，需要重点控制、管理和营造色彩环境的区域，以城市建筑为例，色彩往往与一些特殊条件有关，例如历史街

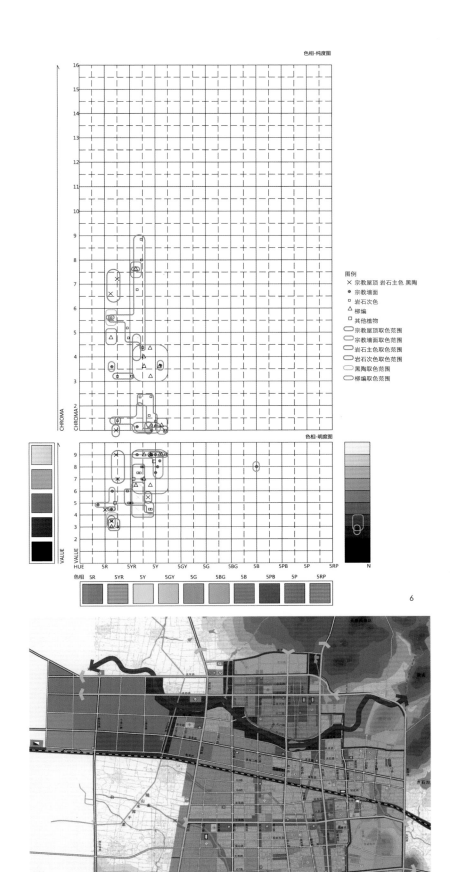

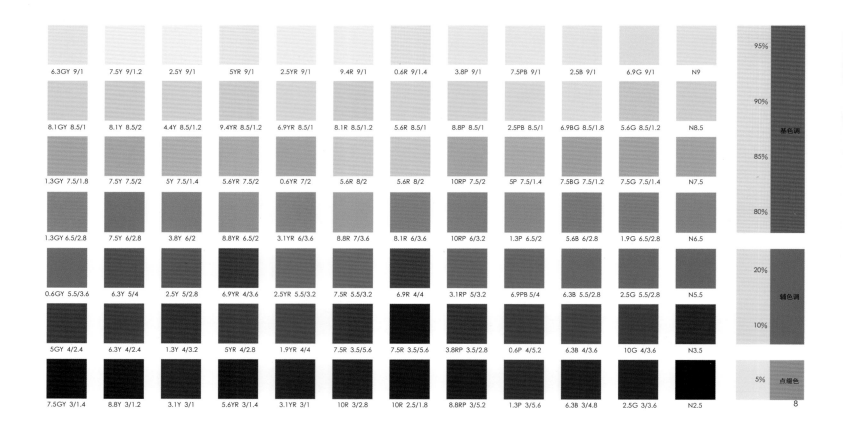

区、山体背景区域、等滨水区域。因此，特殊区域将根据这些特定条件和空间规划的一些特殊设想相对应。

如图，红色代表城市色彩特殊地区，绿色代表山边色彩特殊地区。分别是隆山路十全路交叉口片区、眉山山边片区、新城区、莲花山山边片区和天佛山山边片区。以隆山路十全路交叉口片区为例，它代表了县城最古老的风貌特色，需要重点提出色谱及管控方式。

（3）分区色谱

一般地区沿用色彩规划总谱。特殊地区则根据其特色重新定义专属色谱。在县城未来发展中，可适当增加特殊地区，选择范围应与县城发展中心、副中心、主要道路轴线、主要景观轴线相拟合。以隆山路十全路交叉口片区为例，我们根据其文化特征、环境特色以及改造与建设的经济角度分析，提出了如下专属色谱，未来指导片区具体建设项目时，色谱与配色方案便是重要的上位设计条件。

5. 色彩管理

色彩管理贯穿整个色彩规划到色彩执行的过程。我们将从公众参与和制度管理两方面讲解色彩管理问题。

（1）公众参与

《莒南县城色彩规划》实践当中，基于以下考虑，取消了事前公众参与。

事前公众参与容易停留在表象的对"色彩"本身的询问层面。以珠海城市色彩规划的事前公众参与为例，问卷提到："你觉得珠海主体用哪一种颜色，更能突出珠海的特点？"选项包括优雅紫、热情红、清爽绿、天空蓝及其他。选项非常粗放，色相表达不全，纯度、明度未能表达，这当中，有些色彩也不宜运用于城市建设。鉴于色彩规划的专业性，普通人难以掌握其中的很多技术问题，色彩规划须承担将色彩与公众理解沟通的工作。《莒南县城色彩规划》利用原型色彩提取，挖掘了民众内心深处色彩偏好。同时，在确定推荐色谱和特殊地区以后，开始公众访问，通过配色方案，可以提高公众对于色彩规划的直观感受，减少盲目性，以期得到有意反馈。

（2）制度管理

《莒南县城色彩规划》采用弹性机制进行色彩管理。表现在空间体系的开放性上。随着城市的发展与变化，特殊地区还可以予以增加，通过对特殊地区的色彩设计，提升地区的活力和特色。色彩规划的弹性也体现色谱上。总体层面上的总谱庞大，控制具有较高弹性，推荐色谱增加了色彩选择范围，并提供科学配色方法。对特殊地区采取不尽相同的管控方式。形成弹性机制。

规划建议县城管理者将建筑色彩审批纳入到建设项目《建设工程规划许可》当中，实施内容管理。事后纳入到建设规划验收当中。根据不同类型的片区给予不同程度的容错率。此外，通过施工监督实现减少施工失误。如：参照长沙经验，在规划局悬挂备用主色调色板和主流材质板，便于选色；参照吉田慎悟在幕张新都心的实践以及世博会中国馆的施工，用备用色板和材质板与现场色彩、材质等进行现场对比，减少误差；随时利用相应仪器核准色差。

城市色彩规划采用独有规划语言，对于规划管理者来说，需要进一步学习和掌握，只有理解了这些才能进一步理解城市色彩的管理方法。

三、结语

城市色彩规划的目标：其一，是提升城市品质，协调城市风貌；其二，是塑造城市特色。协调城市环境品质始终是城市规划最主要的目标。

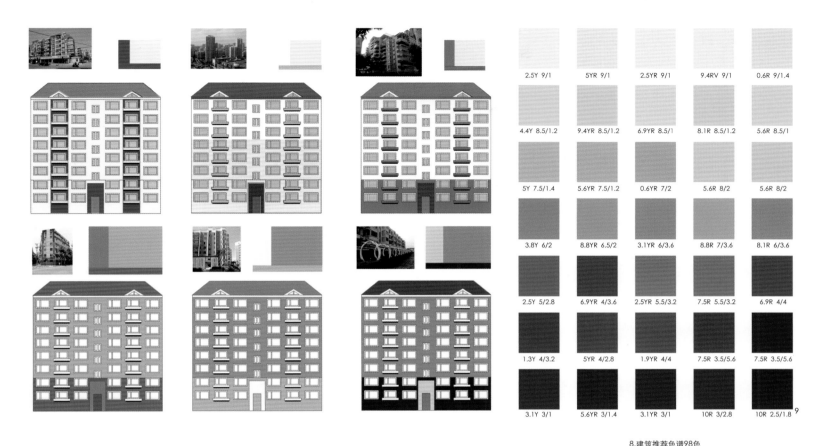

2.5Y 9/1	5YR 9/1	2.5YR 9/1	9.4RV 9/1	0.6R 9/1.4
4.4Y 8.5/1.2	9.4YR 8.5/1.2	6.9YR 8.5/1	8.1R 8.5/1.2	5.6R 8.5/1
5Y 7.5/1.4	5.6R 7.5/1.2	0.6R 7/2	5.6R 8/2	5.6R 8/2
3.8Y 6/2	8.8YR 6.5/2	3.1YR 6/3.6	8.8R 7/3.6	8.1R 6/3.6
2.5Y 5/2.8	6.9YR 4/3.6	2.5YR 5.5/3.2	7.5R 5.5/3.2	6.9R 4/4
1.3Y 4/3.2	5YR 4/2.8	1.9YR 4/4	7.5R 3.5/5.6	7.5R 3.5/5.6
3.1Y 3/1	5.6YR 3/1.4	3.1YR 3/1	10R 3/2.8	10R 2.5/1.8

8.建筑推荐色谱98色
9.隆山路十全路交叉口片区色谱与配色方案节选

国家主席习近平说："走向生态文明新时代、建设美丽中国是实现中华民族伟大复兴的中国梦的重要内容。"如何延续城市健康发展、科学进步，体现城市的繁荣安康、和谐美丽，表达城市文化底蕴，都是城市色彩规划的主要工作目的。

注释

[1] 是把色立体的三维（纯度、明度和色相）空间用两个二维坐标系（分别是色相—明度图和色相-纯度图）表达出来的一种方法。在这一对坐标系中，可以分别用两个坐标系内各自一个点来共同表达色立体中的一个颜色。

参考文献

[1] AntalNemcsics, Color Dynamics: Environmental Color Design, AkademiaiKiado, Hungary, 1993 第4页.

[2] 约翰内斯•伊顿. 色彩艺术[M]. 杜定宇，译. 上海：世界图书出版社，1999：63.

[3] 宋建明. 色彩设计在法国[M]. 上海：上海人民美术出版社，1999.

[4] 吴伟. 城市风貌规划：城市色彩专项规划. 南京：东南大学出版社，2009，95－96.

[5] Bureau of Urban Development Tokyo Metropolitan Government. Color Scape Guidelinesfor Metropolitan Tokyo, http://www. toshiseibi.metro.tokyo.jp/kenchiku/keikan/machinami_04.pdf.

[6]（瑞士）卡尔•古斯塔夫•荣格. 荣格文集[M]. 王永生，等译. 国际文化出版公司，2012，05.

[7] 奈良县经管计划•色彩基准解说书.

[8] 长沙市规划管理局.长沙市城市色彩规划—建筑色彩应用手册（长沙市规划管理局公示专用）. 长沙市城乡规划局网站. http://www.csup.gov.cn/publish/CS2011ShowPublish.asp?xmnumber=8382008.12.

[9] 长沙市规划管理局. 长沙市城市色彩规划重点区域—湘江二桥北段色彩应用手册（长沙市规划管理局公示专用）. 长沙市城乡规划局网站. http://www.csup.gov.cn/publish/CS2011ShowPublish.asp?xmnumber=8382008.12.

[10] 长沙市规划管理局. 长沙市城市色彩规划管理控制导则. 长沙市城乡规划局网站. http://www.csup.gov.cn/publish/CS2011ShowPublish.asp?xmnumber=8382008.12.

[11] 苟爱萍. 我国城市色彩规划实效性研究[J]. 城市规划. 2007，31（12）：84－88.

[12] 苟爱萍，王江波. 国外彩色规划与设计研究综述[J]. 建筑学报，2011.7：53－57.

[13]（美）约翰•彭特. 美国城市设计指南—西海岸五城市的设计政策与指导[M]. 北京：中国建筑工业出版社. 2006：161.

[14]（德）Design First: Design-based Planning for Communities David Walters、Linda Brown Architectural Press (2003-04).

[15] 蓝海瑞. 建筑色彩的管理与检验研究[D]. 上海：同济大学建筑与城市规划学院，2012，6.

作者简介

韩 淼，海同济城市规划设计研究院，建筑与城市空间研究中心，规划师。

地域文化性城市设计策略探讨
——以乌兰浩特—科尔沁镇总体城市设计为例

Regional and Cultural Urban Design Strategies
—A Case of Ulanhot and Horqin Town Comprehensive Urban Design

莫 霞
Mo Xia

[摘　要]　在全球化背景下，地域文化性成为城市竞争力和区域魅力的重要表现。论文聚焦城市设计作为地域文化性表达途径和有效手段的四个诠释要点，并以内蒙古乌兰浩特—科尔沁镇总体城市设计为例展开策略分析。

[关键词]　地域文化性；城市设计；乌兰浩特—科尔沁镇（后简称"乌—科"）

[Abstract]　Abstract: In the context of globalization, the regional and culturalcharacteristics have become an important performanceof urban competitivenessand charm. The paper focuses on four points of urban design, as the expressionmeans and effective ways of regional and culturalcharacteristics, and analyses the strategies combining with the case of Ulanhot and Horqintowncomprehensiveurbandesign.

[Keywords]　Regional and Cultural Characteristics; Urban Design; Ulanhot and Horqin Town
[文章编号]　2015-66-P-120

一、认识"地域文化性"

1980年代以来，全球范围内社会、经济、政治和技术结构上的重大变化不断积累和扩散，带来剧烈变革与文化交融，从社会的整体形态到人们的日常生活都呈现出新的进步与不同特征。然而，在我国，伴随快速城市化的进程，全球化同时也带来了城市空间趋于同质、地方文化主体淡化和文脉断裂，人们的安全感与归属感日趋薄弱等不利状况，城市发展建构的"地域文化性"导向也由此凸显出来：更多地强调本土地域活力与吸引力的营造，对独特地域及文化属性进行重点考量，以形成一个区域独特的魅力，为城市发展提供不可复制的竞争力，并寻求能够进行持续自我支撑的动力所在。

对地域要素特征、城市发展特征、人们生活方式以及城市品牌形象的关注可以说构成了当前我国城市面向地域文化性塑造所权衡和协调的重点。而城市设计作为其间重要的表达途径和有效手段，有利于融合上述维度所内涵的主要影响因素，密切联系实践地提出设计运用的有益对策与建议，促进引导城市摆脱特色危机、强化文化动力、形成本土模式。（表1）

二、地域文化性的城市设计诠释

城市设计（Urban design）是"根据城市发展的总体目标，融合社会、经济、文化、心理等主要元素，对空间要素做出形态的安排，制定出指导空间形态设计的政策性安排"（吴志强等主编，2010），其设计重点正越来越多地对一个地域的自然、人文、社会经济要素及城市发展等进行综合考量，关注城市历史文脉和场所特征，注重城市公共空间的塑造、综合环境质量的提高等，来满足人们的空间环境需求，强调人们对地域场所的怀念和情感的认同，进而提升城市活力与吸引力的提升，促成良性互动的发展态势，促进城市的持续更新发展。可以说，在城市设计过程中传承和发展地域文化性，既具有思想和经验的继承意义，又具有此时此地的实践意义，可以以显著的整合、认同与互动特质，来促进和推动城市建设的良性发展。

以此为出发点，并结合地域文化性分析层次中的设计要素建构，本文以乌—科总体城市设计为例，聚焦城市格局、区域形象、开放空间、文化资源四个重点方面，诠释着眼地域文化性要素打造的城市设计策略。乌—科总体城市设计项目处于内蒙古自治区兴安盟，位于大兴安岭南麓、科尔沁草原腹地，以现乌兰浩特市区建成区为主体，由乌兰浩特市建成区与科尔沁镇东部组成，规划建设用地为114km²。整个区域四面环山，河流穿插环绕，自然条件优越；北拥蒙元文化特色的成吉思汗庙、成吉思汗广场，以及拥有代表红色文化的五一会址，南有森林公园、湿地湖泊，人文与生态资源丰富；区域具有良好的区位交通优势，对外交通便捷。

表1　地域文化性分析层次的设计要素关联

分析层面	主要影响因素	设计关联的要素方面
地域要素特征	自然环境 人文环境 社会经济与技术	山水要素布局和保护 人文活动的空间分布 居住环境 建筑高度与形态
城市发展特征	文脉 肌理 空间发展机制	文化背景与历史演进 土地使用 建筑肌理 街区模式 特色斑块与重点区域
人们生活方式	基本适宜的环境权利 安全、健康与可达性 公共活动及交往	密度与可达性 公共设施 开放空间 场所设计
城市品牌形象	个性与差异 感知与识别 事件与体验	城市意象 城市标志、天际线 环境景观与风貌 城市事件

三、地域文化性导向下的乌—科总体城市设计策略

1. 城市格局的地域性建构

强调地域文化性的城市格局建构，应力求彰显在稳定地域环境下所形成的城市基本结构与发展框架。历史上所形成的自然山水格局、人们生产和生活所构成的人文状态可以说构成了关键的分析基础，并能够借助具有地域特色的感知序列的体现，来基本稳定地延续一定地域的文化特质。可以从多个方面对城市格局进行地域性建构分析：①山水格局（如山水自

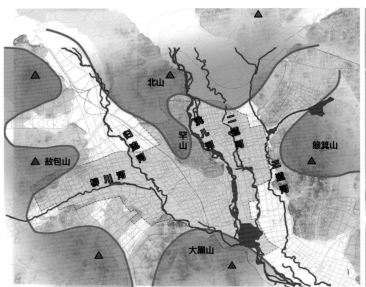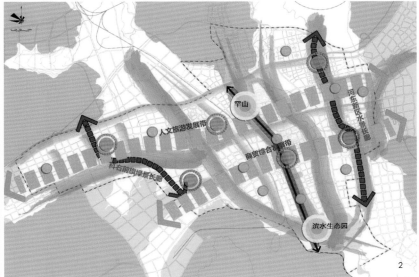

1. 山·水·城 空间脉络
2. 中心体系格局优化

然格局、空间关系分析）；②社会文化背景（如人文历史条件分析）；③空间演进（如城市规模分布、用地布局分析）；④彰显地域文化特色的形态支持。

乌一科规划区地处盆地，周边地势相对较高，疏林草原、罕山、敖包山、大黑山等环抱城区，多条自然河流在乌兰浩特市区内穿插环绕，具有"五经七脉"的山水格局。南北向的两条主要河流洮儿河、归流河又将整个区域自然分隔成了三大板块，随着历史发展与规划引导逐步形成了今天多核心、一体化发展的基本框架，具有"两河四岸三区"的基本地域特征。

结合对城市发展建设与社会文化背景的相关资料考察与分析，并强调充分利用水体、山景，将其引入城市形态格局，乌一科总体城市设计汇聚自然、历史、民族、地域四大资源优势，重点强调了延续历史文脉、保有传统肌理、核心引擎启动、轴带活力激发，优化形成"四心双核，南北公园，金带横联，绿廊交织"的中心体系格局：东西向的人文旅游发展带、商贸综合发展带横联各个核心，文化中枢走廊纵贯主城中心，而水体、绿带、文化形成网络化的基底，有机分布、渗透城市，充分彰显乌一科的自然与人文气质与山水魅力特色。

2. 区域形象的鲜明化打造

柯布西耶曾这样写道："城市就像一团涡流；必须对其印象作出分类，辨识出我们对于它的感觉，并选择那种有疗效且有裨益的方法。"[1]，当今天的

城市更多地作为文化的"容器"来表现世界真实的和感性的变化，城市设计也试图借助于认知地图、图底分析等途径的运用，来促进城市意象、好的形态与场所的形成，使得我们能够更为清晰地感知城市形象，彰显地域文化特质。区域形象的鲜明化打造往往离不开以下方面：①由路径、边界、区域、节点和地标等基本要素所构成的城市意象；②建筑高度与形态等（城市高度分区、建筑的地域特色、建筑色彩的文化性等）；③形象营销（对特色风貌、城市事件等进行策划与引导等）。

在关注城市格局地域性建构的基础上，乌一科总体城市设计指出这样广阔范围的未来城市发展更加适宜采取高效集约型开发与大尺度生态环境相结合的模式，首先借助由通廊、节点、地标等所构成的清晰脉络来形成区域形象骨架。其次，综合考虑周边山体的视线要求和城市空间形态特色塑造的要求，对现有高层布局进行整合、梳理，合理安排未来建设项目；并着重强调罕山周边禁止建设高层建筑，以促进成吉思汗庙周边区域的传统格局与和谐发展。再者，结合乌一科城市发展与资源特色，设计将整个规划区域划分为七个风貌区域，策划与整合不同的发展重点与主题特色，强调给予整个城市更具文化内涵的、生动直观的形象营销。

3. 开放空间的人本化设计

无论是容纳城市公共生活的街道和广场网络，

还是与城市建筑形式形成对比的公园和城市绿地，以及与海岸、河流、湿地等主要水域特色有关的线形空间，等等，城市开放空间以其开放、介入、集聚的特性，能充分容纳公共性活动行为[2]，容易带给人们最为直观、深刻和整体的认知，构成了继承和发展地域特征和人文特色的重要方面，也是承载人们生活方式、彰显城市品牌形象的重要场所与外部空间。

因此，城市开放空间的设计营造不仅需要彰显特色，更应满足人们环境权利、公共活动与交往等多元化的需求，以人为本进行设计：①识别和突出城市中的主要视景（聚焦城市滨水区、广场、绿地、城市天际线和主要眺望点等）；②强调特性。例如，识别、突出和强化既有道路的传统格局、与地形的关系；通过独特的景观及其它特征元素，强化每个地区的特性；等等；③强调联结。例如，加强滨水区域的可达性，优化人的活动与城市交通体系之间的关系，整合设计自然边界以促进地域之间的联结等；④开放空间的组织与引导（往往借助于图底表现、模块分析等设计手段予以落实）。

乌一科现有的山水格局特色为城市形象提供了鲜明的图景基质，也为开放空间的组织与引导提供了天然基础。借助其"山、河、湖、园、庙、址"等特色地域资源的联结与组织，尤其结合滨水区域的战略开发引导、滨水界面的景观和特色天际线的塑造，有利于形成系统网络，使人们更为清晰、生动地感知和享有城市开放空间。此外，北部的罕山和成吉思汗庙

作为极具本土蒙元文化特色和自然生态要素的门户形象，具有显著的标识作用，设计上通过组织开敞的景观序列，强化形成观景轴线，延伸生成文化承载与公共活动的中枢走廊。

由此，乌一科总体城市设计通过对城市物质空间组织加以引导，强调充分发挥中心地段、节点区域的土地效益与景观效应，梳理传统街区的适用功能和文化脉络，将高密度街坊通过开敞空间严格限定公共空间界面，建设复合功能、自然生态平衡的细胞单元等，促进形成包纳多种类型的、特色鲜明的人本化开放空间。

4. 文化资源的空间化导引

对地域特色、城市品牌形象的塑造，离不开对于城市格局、开放空间以及重点区域等物质性空间要素的建构，以及承载社会文化活动、重大事件的行为影响等。城市设计多层次地理解与利用文化资源，对其中所内含的关键元素进行有机组合，并尽可能地落实于空间要素、进行设计指引，可以深化体现一个地域文化特质，并促进城市设计操作中强化地域文化特色的形成机制。

就乌一科而言，其城市文化的基础特质由极具世界影响的成吉思汗以及蒙元历史文化、颇具地区特点的科尔沁蒙古历史文化，以及在内蒙古以及全国历史上占据辉煌篇章的红色革命文化所共同构成。然而，当前优越的历史文化资源并没有得到充分发掘，城市基本特征不够明显，城市风貌趋于单一，亟待打造自身特点、增强场所感和文化根植性。面对这一问题，设计提出其中的关键在于强化对文化资源的发掘与利用：①保有和延伸城市文脉、传统格局，从结构体系上体现文化资源的价值内涵、时空延续；②打造街区文化特质，塑造特色街区景观，使生活在城市中的人们，能够切实的感知、体验、融入文化情境，并现实性地构成具有文化内涵地生活方式的一部分，构成文化功能，充盈文化氛围；③与特色功能区的布局与建设相结合，高标准规划建设蒙元文化等导向的标志性建筑；④与公共空间体系整合、互动，承载社会活动与城市事件，比如进行成吉思汗庙祭祀活动、举办草原骑术节等。在此基础上，设计初步提出了未来可以从空间上予以落实的导引框架（表2）。

四、小结

将设计置于一定地域特点和文化背景中来促进对城市空间的认识与重构，已构成当前城市设计发展的重要导向，并日益增多地落实于实践中的城市发展建设。而全球化背景下对于地域文化性的认知与强化从未如此紧迫而关键，并亟需借助城市设计这样多层次的、极富包容力的技术手段，从城市格局、整体形象、开放空间、文化资源等体系结构上来进行更为有效地落实。

注释

[1] 引自：[法]勒·柯布西耶. 李浩，译. 方晓灵，校. 明日之城市[M]. 北京：中国建筑工业出版社，2009：53.

[2] 从地域文化的生成模式看，日常生活及从中衍生发展出来的、具有相当群众基础的公共性活动行为，是其主要构成内容之一（卢峰，2013）。

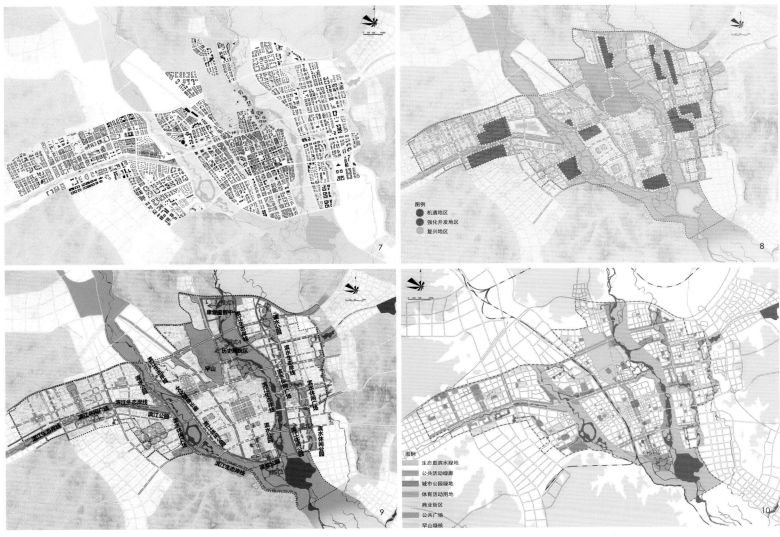

图例
● 机遇地区
● 强化开发地区
● 复兴地区

图例
生态型滨水绿地
公共活动绿廊
城市公园绿地
体育活动用地
商业街区
公共广场
罕山绿核

3.城市设计形态总图	7.城市肌理分布
4.地块建筑高度体块表现	8.三类滨水开发区域
5.七种核心特色风貌区	9.滨水空间分析
6.总体城市设计框架	10.公共空间体系

表2　　　　　　　　　　　文化资源的空间化导引框架

资源类型	导引原则	空间承载
传统格局	文化符号的提炼； 原有格局的整合； 新旧设施的融合	主城中心区域
文化走廊	强调历史文化的延续性； 梳理公共与文化设施构成； 重点区域重点强化	发源于罕山、成吉思汗庙，沿五一路向南延伸，联结主要文化景点和城市节点，贯穿城市中心区域，向南延伸至未来重点开发的湿地公园区域
滨水区段	延续自然肌理与文化特质； 因应创新，多元融合	重点打造沿归流河、洮儿河、柳川河的滨水区域
特色街区	强调文化特质，塑造特色景观； 提升资源价值	塑造现代商业、休闲娱乐、商贸综合、滨水自然、历史文化五种特色街区
标志建筑与 景观节点	高标准规划建设蒙元文化等导向的标志性建筑； 建筑与景观与区域功能互动结合，增强活力	包括城市广场、标志性建（构）筑物、山体节点和水系节点四类
景点项目	保留改造原有特色文化景点项目； 新规划具有当地特色的文化景点	罕山、成吉思汗庙、成吉思汗广场、五一会址、湿地公园、乌兰浩特火车站、解放纪念馆、抗洪胜利纪念塔等

参考文献

[1] 秦怀鹏，莫霞．面向本土城市发展的地域文化性思考[J]．建设科技，2015年第02期．

[2] 吴志强，李德华主编．城市规划原理[M]．北京：中国建筑工业出版社，2010．

[3] 卢峰．地域性城市设计研究[J]．新建筑，2013（3）：18－21．

[4] 张哲．谈如何在城市设计过程中诠释地域特征[J]．广东建材，2010（3）：119－121．

作者简介

莫霞，博士，工程师，华东建筑设计研究院有限公司规划建筑设计院设计一所，设计总监。

他山之石
Voice from Abroad

小城镇景观风貌塑造初探
——英国巴斯小镇风貌的特点及启示

Research on Landscape Character of Small Towns
—Character and Revelation of Bath Town in England

杨世云　袁 磊
Yang Shiyun　Yuan Lei

[摘　要]　本文通过总结英国巴斯小镇风貌的特点，以期对我国小城镇特色风貌的塑造做出有益的启示。
[关键词]　小城镇；巴斯；景观风貌
[Abstract]　The Article summarize the figure of Bath in England, We Hope the Instructive Revelations for the Bath Small town can be gained in China.
[Keywords]　Small Towns; Bath; Landscapes Character

[文章编号]　2015-66-C-124

　　小城镇的规划和建设一直是我国城镇工作的重点，随着我国城市化进程的加快，小城镇的规划和建设更为社会各界所关注。在世界文化的趋同和我国城市现代化建设快速发展的大背景下，小城镇的景观风貌越来越单调雷同，特色日渐丧失，这一问题引起了社会的广泛关注，对小城镇景观风貌的探求已成为当今的热门话题。

　　小城镇景观风貌区别于大城市从而具备自身特点，是关于小城镇自然生态环境、传统历史文化、风土人情、精神内涵等的综合表现，是构成小城镇各个景观要素及其所承载的城镇传统文化和社会生活内涵的总和，是城镇特色气质等内在特质通过有形的城镇结构包括形态布局、空间肌理等的外在条件展示出来的综合反映，是一个城镇展现自己介绍自己的名片，是最直接、最精彩的代言。

　　英国巴斯小镇是英格兰的一座古老的小镇，是英国唯一列入世界文化遗产的城市，是一个被天然纯朴、田园风光包围着的古典优雅小镇。虽然人口不足10万，但其景观风貌却独具特色，它的典雅来自乔治亚时期的房屋建筑风格；它的美丽来自于风光绮丽的乡村风光。整个小镇建筑保护完好、风格一致、布局合理、建筑高度亦严格控制，形成的其独具特色的小城镇风貌特色，她典雅和美丽的精致吸引了世界各地的游客前来参观。

一、巴斯小镇背景介绍

　　巴斯位于英格兰西南部，是英国著名古老的旅游小镇。距离伦敦约100英里的路程，属于英克兰的埃文郡东部的科兹沃。之所以叫巴斯为"小城"，是因为巴斯的人口不足10万，也没有高楼大厦。尽管巴斯城池不大，但是具有英国最高贵的街道和曲线最优美的建筑。这里没有都市的匆忙嘈杂，走在车辆稀疏的街道上可以享受难得的城市轻松与悠闲。

　　巴斯在英文中的意思是"洗浴"。罗马人最早在这里发现了温泉，兴建了庞大的浴场，如今的古浴场遗址是英国古罗马时代的遗迹。18世纪著名的设计师约翰•伍德对巴斯进行了完整的设计，老城的格局就是当年留下的。皇家新月楼是巴斯最有气势的大型古建筑群，建立于1767—1775年，由连体的30幢楼组成，共有114根圆柱。皇家新月楼的道路与房屋都排列成新月弧形，尽显高雅贵族风范，被誉为英国最高贵的街道。

二、独具特色的小镇性格

　　小镇具有得天独厚的自然条件，紧凑的城镇布局，极富特色的建筑，深厚的文化底蕴。风貌与景观密不可分，前者侧重于审美主体对城市的整体感受与体验，后者是审美主体对城市具体审美对象的感知，包括景物形态和审美感观。巴斯是个兼具巴黎的浪漫，意大利的闲适，带着自己独特的沉淀而存活在英国这带有浓厚严肃历史国家中的小镇。

1. 得天独厚的自然条件，让巴斯小镇繁盛至今

　　被自然的田园风光包围的巴斯小镇小巧而玲珑，精致而美丽。

　　流经几个郡的埃文河缓缓从市中心穿过，小城在河的两岸傍依缓缓的山坡而建，一层一层错落有致。风光秀丽的埃文河为巴斯的自然之美增光添彩。

　　然而她的繁盛不仅仅是风光旖旎的田园特色，更是因为是英国唯一拥有热泉的地方。2 000年前，罗马军队来到这里，发现热泉并兴建罗马浴场，巴斯

成为17—18世纪最热门的度假胜地和交易场所。

2. 紧凑的城镇布局，宜人的小镇生活

巴斯是一个很小的城市，从最南边走到最北边也不过半个小时。紧凑的城镇布局，让游客在此随便走走逛逛都感觉很惬意。

3. 极富特色的建筑，历史的镌刻

整个巴斯小镇的建筑一样的色调、一样的风格，外墙普遍是蜂蜜色，屋顶则是石灰色，分不出哪些是老建筑，哪些是新造的，十分和谐。山顶上则是著名的巴斯大学。建筑是城市的时装，也是历史的镌刻。巴斯的精致凸显在她的城市建筑艺术上。建筑虽然古老，但风格独特，令人叹为观止。

巴斯的城市建筑有着极为重要的地位，乔治时代的别致阳台、华丽的房屋外形设计以及色彩迷人的各式建筑耸立在宽敞的街道两旁，吸引成群的游客前来观赏。

罗马古浴场（RomanBaths）：联合国文化遗产保护单位，地下有温泉，罗马时代在此建浴场。浴场由一系列建筑组成，有更衣间、休息间和浴场。它仿佛一块灵动的翡翠，镶嵌在这座美丽小城的中心。

普尔特尼三拱桥（PulteneyBridge）：1769—1974年建，横跨埃文河连接巴斯的老城和新城，模仿意大利佛罗伦萨的维奇奥桥。是著名设计师罗伯特•亚当（Robert Adam）在巴斯的唯一作品。然而，伫立在普尔特尼桥上，你所看到的不只是这如威尼斯一般的水乡风光，还有那排不可思议的建在桥上的古老房屋。

现在，大多数房屋都成了卖售各式各样小玩意的商店，赋予了普尔特尼桥浓郁的生活气息。从桥上经过的人们，不像是要匆匆赶路，而像是沉迷于这里的惬意生活，走走停停，不紧不慢。

皇家新月型大厦（RoyalCrescent）：规模宏大的建筑群建于1767—1775年，由连成一体的30幢楼组成，有114根圆柱采用意大利式装饰。新月楼的道路与房屋都被设计成新月般的弧形，优美的曲线令人陶醉，而且散发着高贵典雅的风范。自从建成，这里就成为名流们的栖身之所，被称为英国最昂贵的街道。现在，皇家新月楼1号已成为博物馆，展示很多珍贵的文物和肖像，完美地重现她在1770年建造时辉煌。

圆形广场由老约翰•伍德所设计，一栋栋外形一致的蜜色房屋围成一个圆圈，将圆形的绿色

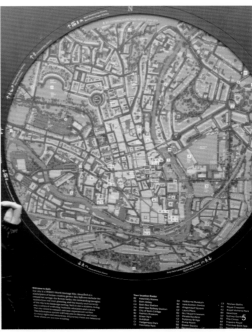

草坪围在中央。在阳光的照射下，一片金黄，壮丽而恢宏。500多个形态各异的徽记和雕塑分布在广场四周的房屋和石柱上，代表着艺术与科学领域的重要人物与事件。

这些建筑是历史的，也是现代的。巴斯完整的保留了这些建筑，使其成为巴斯的一部分，一种城市符号。成为城镇的历史与风貌。

三、深厚的历史年轮和文化底蕴

1. 时光面前不老的古城

与伦敦、爱丁堡相比，巴斯只能算是一座小城。但它的历史年轮和文化底蕴，形成了它独特的风韵，如同一个娇小的美人，凭着永不衰老的风姿，在时光面前傲然矗立。

巴斯又是一个文化上的混血儿。罗马时代的遗址、混合着中古世纪及18世纪的乔治王时代极富特色的建筑，新式建筑错落其间，浑然一体，散发出一种柔美的协调。这些融合了不同时代特色的建筑，也让这座英格兰古城带上了一点点的异国情调。

2. 节日之城，赋予巴斯时尚

巴斯有一年一度的巴斯国际音乐节、巴斯国际文学节、风筝节、啤酒节等。6月的巴斯音乐节，是巴斯最美的时节。世界一流的音乐家们被邀请来此地举办管弦合唱音乐会、独唱独奏音乐会以及室内乐等节目。这期间也会有许多其他的活动和节目，如讲座、展览、游览巴斯及其周围地区和平常不开放的房宅，还会有自行车赛、露天啤酒花园等系列活动。

这些纷繁的节日让这座古老的小城瞬间成为时尚的都市，在世界面前展示着自己卓越的身姿。

巴斯有着英格兰乡村特有的那种田园风的优美和慵懒的步调，同时深厚的文化底蕴又让这座城市带着都会的风味。巴斯的风情，既静谧又优雅；既古典又时尚；既有着乡村的清新，又有着都市的方便。

四、巴斯对中国小城镇景观风貌塑造的启示

1. 要具有明显的根植性，保持自己的个性

小城镇特色的设计要有区域观点。小城镇特色与大中城市相比要具有更明显的区域根植性，应从区域大背景中去挖掘小城镇的独特灵魂和品味，把一些潜在的最具有开发价值的特色在市场经济中表现出来。

许多小城镇在旅游业影响的城市化进程下，景观空间格局变化极大，盲目扩大建成区的面积，忽视

8.罗马古浴场
9.普尔特尼三拱桥
10-11.皇家新月形大厦和圆形广场
12.巴斯国际音乐节
13.不老的巴斯古城

小城镇原有的景观风貌，缺少对其的深入挖掘、研究和利用，造成了小城镇景观风貌的不和谐。大量破坏性建设在位于旅游带上的小城镇上兴起，使得小城镇在发展的过程中失去了原有的景观风貌，民俗风情消失，城市风貌同化，地域文化特色消失。

因此，保留原有景观风貌，深入挖掘当地的文化特色，小尺度、精细化，保持小城镇与大城市截然不同的地域特色。

2. 充分利用自然条件和历史条件，注重整体和综合

小城镇的景观塑造要从自然环境和文化背景出发，强调小城镇特色的完整性，既要设计城镇建设方面的特色，也要设计产业发展的特色，不能片面追求单一方面。单纯的、孤立的某一景观、某一产业构不成小城镇整体的特色，必须要有相关的自然条件、历史文化传统、建筑风格、基础设施等环境背景与之配套，以及社会支撑体系的建立和相关产业的发展。

巴斯之所以成为英国最美的小城镇，不仅仅是拥有了美丽的田园美观，古老宏伟的建筑，也因为其每年举行的各种节日，将她成为古典与时尚的融合。

小城镇特色设计应挖掘历史、文化传统方面的深层次内涵。应全面考察小城镇的历史演化，重视历史文脉的继承、延续和创新。

3. 小城镇景观风貌特色设计应立足于创造生活型的小城镇

城镇是人造的生活空间，是对自然、对生活条件的反映。创造生活型小城镇，把生活的因素放到重要位置，营造居民的生活环境，使小城镇变成风光秀丽、生活方便、具有浓厚人情味的生活空间，变成民众的、生活的城镇。

巴斯是一座宜人的小镇，可以让游人随便走走逛逛，没有压力和负担，慵懒的步调让你慢慢欣赏这座魅力小镇。所以人是小城镇的灵魂，居民的人格、素质、文明意识的锻炼和提升，可能最终形成一种内在的、影响久远的小城镇个性。小城镇居民的文化形态、文化生活、整体风貌、人的素质等，都是小城镇景观风貌特色塑造的关键。

在小城镇塑造适合人行走、观赏、娱乐的空间，是创造生活型小城镇的关键。生活型也将是小城镇景观风貌的一大特色。

参考文献

[1] 郑明媚，邱爱军，文辉. 一个美国小城镇规划对我国的启示[J]. 国际城市规划，2010，25（6）：98-101.

[2] 钟宜根，葛幼松，张旭. 城镇景观风貌规划模式探讨[J]. 小城镇建设，2009（6）：87-92.

[3] 彭晓烈，李道勇. 小城镇景观风貌规划探索：以沈阳市辽中县老观坨乡为例[J]. 沈阳建筑大学学报（社会科学版），2008，10（3）：257-261.

[4] 赵万民，倪剑. 西南小城镇风貌规划的有机性思维：以重庆市黄水镇风貌规划为例[J]. 小城镇建设，2008（10）：9-4.

[5] 张志云. 小城镇景观规划与设计研究[D]. 武汉：华中科技大学，2005.

[6] 贾漫丽. 风景区旅游小城镇景观风貌规划研究：以杭州千岛湖为例[D]. 石家庄：河北农业大学，2009.

作者简介

杨世云，同济大学建筑与城规规划学院，研究生；

袁 磊，上海同济城市规划设计研究院，硕士，副主任规划师，国家注册城市规划师。

日本城市规划中的城市风貌保护
Townscape Preservation in Japanese Urban Planning

王 勇
Wang Yong

[摘　要] 20世纪50年代中期以来，日本经济的快速发展造成了对自然环境和城市风貌的巨大破坏。因此，60年代以后，日本民众开始关注城市风貌和环境保护。1976年，日本政府确定了首批7个重要的"传统建造物群保存地区（IPDs）"，向更广泛的城市风貌保护迈进了一大步。尽管日本面临许多经济、法律、行政管理等方面的困难，在城市规划中，城市风貌的保护还是不断受到重视。本文以京都的城市风貌保护为例，总结其经验教训以给我们提供借鉴。

[关键词] 城市风貌；保护；城市规划

[Abstract] Townscape preservation and environmental protection first came to public awareness in Japan in the late 1960s, triggered by the enormous damage to the natural environment as well as to townscape caused by the drive towards rapid economic growth since the mid-1950s. In 1976 the Japanese government acknowledged the first seven "Important Preservation Districts for Groups of Histoic Buildings(IPDs)". It is a widespread movement towards townscape preservation. Althrough faced with many economic, legal, administrative obstacles, the movement continues to gain importance in urban planning. In the city of Kyoto townscape preservation, we summarize its experience and lessons so as to provide the reference for us.

[Keywords] Townscape; Preservation; Urban Planning

[文章编号] 2015-66-C-128

一、引言

城市风貌是在一定的时空条件下，城市社会为了自身的生存和发展，以当时所能达到的文明手段，利用自然、改造自然所创造的有别于其他城市的物质和精神成果的外在表现形式，它是一个城市的景观特征、历史文脉、文化内涵、传统习俗和内在精神。

伴随中国快速城镇化进程，城市风貌正面临着日益失落的危机，城市文脉的日趋断裂令人们精神的家园无处归依。于是，探求城市风貌的复兴、借鉴国外城市在风貌保护方面的经验，成为当今中国城市研究的重要课题。本文以地缘背景与我国类似的日本作为研究对象，试图分析其历史经验以给我们提供借鉴。

二、日本风貌保护的四个阶段

日本经历了很长一段时间才将城市风貌保护作为城市规划中一项重要任务。城市风貌保护与日本整个经济发展的过程紧密相关，大致划分为4个阶段。

1. 第一阶段：高速经济发展阶段下的早期地方风貌保护

19世纪60年代，在开发政策鼓励（1962和1969年的第一、二次国土综合开发规划）的条件下，全国开始了快速的工业化。在此过程中，自然环境受到了极大的破坏，地方民众开始了意识到保护城市风貌的重要性。

在京都、奈良、镰仓等几个著名的历史城市中，地方居民社团开始呼吁保护城市风貌，反对住宅建设和其他建设项目引起的对历史风貌的破坏。然而，60年代，公众关注更多的是工业快速发展所带来的环境污染以及这些污染所引起的各种人类疾病。因此，地方性的保护城市风貌的呼声并没有引起外界的太多重视。

2. 第二阶段：社会价值的转变和传统建造物群保存地区（IPDs）的确立

环境的污染和退化、城市特色的破坏、传统生活方式的丧失、1973年石油危机的爆发等引起了日本社会的恐慌。在这个背景下，日本的经济发展政策开始转向发展现代环保型的产业，以追求稳定的经济增长。同时，区域发展政策（1977年第三次国土综合开发规划）更加注重区域均衡发展。

日本社会开始把城市风貌保护作为整个环境保护的一个基本方面。各类地方性的保护组织和团体（例如，1973年的历史风貌城镇保护协会等）不断兴起，在中央政府层面，日本对《文化财保护法》进行了修订，并于1976年确立了首批7个传统建造物群保存地区（IPDs）。

3. 第三阶段：政策失控和地价飞涨引致的城市风貌破坏

由于政策失控和经济刺激，日本大多数大城市中的历史建筑保护都受到了威胁。这些政策，也对城市规划和1987年的第四次国土综合开发规划产生了重要影响。例如，东京的发展目标被确立为全球的金融经济中心，导致了土地价格飞涨，进而扩展至其他城市，引起了所谓的泡沫经济。

大城市飞涨的地价，催生了社会要求放松土地使用管制（比如，放开高度限制和提高容积率）的诉求。巨额的资金开始涌入城市再开发的过程中，给城市风貌带来了"建设性"的破坏，例如，京都北东西三面环山的城市景观格局开始受到破坏。

4. 第四阶段：城市风貌保护的共识、传统与现代的并重

90年代初泡沫经济的破裂和当下经济的低迷，城市更新和开发所带来的对城市风貌的破坏已大为减少。在这个阶段，可以采取更多的立法措施来保护城市风貌。在中央政府层面，至1997年，已经编制了44个传统建造物群保存地区（IPDs）的财政预算。

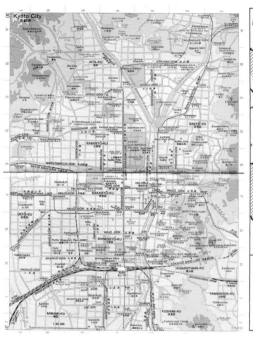
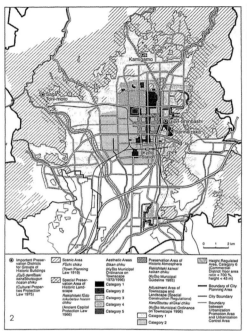

1.京都地图
2.京都保护规划图
3.京都御苑和二条城

相应的,在地方政府层面,地方民众自发的组织起来保护城市风貌。

然而,在地方民众保护团体和开发公司之间始终存在着大量的矛盾。例如,京都的开发公司,始终专注于通过建设现代的地标性建筑来推动经济发展和参与城市竞争。

三、日本历史城市保护的立法过程简述

日本历史城市保护的立法过程,是伴随社会经济发展而逐步适应环境问题的新情况的过程。

1950年制定的《文化财保护法》,是日本文化财保护第一个全面的的国家法律。60年代以来发生了一系列环境问题,而单一的文化财、单体历史建筑的保护方法,已无法应对这种局面。因此,1966年颁布了《古都保存法》,但是该法限定在对京都、奈良、镰仓等古都内的重要古社寺、离宫、史迹以及其周边的历史环境进行保护,不包括历史街区、历史村落等,是其不够完善之处。1975年和1996年,《文化财保护法》进行了两次修改,历史风貌保护走向柔性、综合保护。

2004年6月,日本制定的《景观法》,是适合所有城镇和乡村,促进城乡良好景观的形成,以实现保护美好的国土风貌、创造丰富的生活环境以及富有个性与活力的地域社会为目标的国家大法。

四、以京都为例简述城市风貌保护的经验和教训

京都位于日本本州岛中西部,面积827.90km²,总人口147人(2005年),也是京都府府厅所在地。临近比睿山、琵琶湖,境内山水相应,风景秀丽,是仿照我国唐长安城市规划建设而成的,它的棋盘式方格网道路系统保留至今,大量的寺院、宫殿仍然保留完好。京都在公元794—1869年为日本首都,名"平安京"。日本平安时代建设了"平安京",成为平安时代和室町时代的首都,为日本政权中枢;直到明治天皇东京出行为止的1 100年间,大体上皆为的日本天皇居住的城市。

1.京都城市风貌保护的经验

京都是日本最重要的历史城市之一,较早就列入保护规划。重要的建筑物就是国家的文物,由国家文化厅和地方文化部门负责管理;需要保护的历史街区和风貌地段由京都的城建部门负责管理;需要保护的风景地区由园林绿化部门负责管理。三大部门分工明确,各司其职。

京都城市风貌规划管理主要内容如下。

(1)风貌地区的规划管理

风貌地区指自然风景区和历史名胜风景区。规划要求保持这些地区要求保持这些地区传统的京都地方特色和自然美。京都将风貌地区划分为四类:第一类地域,山林、山谷等自然景观;第二种地域,树林、池沼、田园等自然景观;第三种,自然景观优美的居住地;第四种地域,主要文化遗迹、自然景胜地临近地段的风貌地区。对于建筑的新建、土地开垦、竹木采伐、土石的挖取、建筑色彩的变更等都有所要求和限制。对于风貌地区的建筑物高度、密度、退后红线等具体规定见表1。

表1 风貌地区的建筑规定

种类	高度	密度	红线退后	邻接地退后
第一种	8m	20%	3m	2m
第二种	10m	30%	2m	1.5m
第三种	15m	40%	2m	1.5m

京都皇宫围墙外11~12m之内为绝对保护区,在此35m之内为环境保护区,建筑不超过12m,色彩、形式均有要求,35m之外50m内高度亦有限制。

除了以上四种地域外,还有风貌保护绿地。京都地区三面环山,当地认为山地现状的变更,对于风貌的的影响很大,保持山峰的自然面貌是很重要的一环,故将对风貌地区有影响的山地划为风貌保护绿地。

（2）近郊绿地保留区域

京都政府认为都市近郊绿地的保留，对于城市整体风貌保护是至关重要的。规划将西京区岚山、同松尾、同大原野各一部分划定为保留区域。在这个区域内修建房屋、开拓建设用地等，均需申请。

（3）古都保存

古都保存的地区，在规划中或是风貌地区、或是古建筑保护区。在这些地区中对于建筑或其他工程建设有所规定，一般按建筑建设手续严格审查，特别区域报请许可。

（4）市街地景观保护

一是确立美观地区，并提出对该地区的具体美观要求；二是划定建筑物限制区，从环境上加以保护。

①京都规划的美观区域有7处，包括皇宫、二条城、东西本愿寺、东寺、鸭川、鸭东、清水寺等。在美观区域内的建筑物，不论是新建、改建，其式样、色彩都要经过京都景观风貌审议会议评审。

美观地区又分两种：第一种地域，是指传统的建筑式样和历史建造物所形成的具有地方特色的市街地景观，属于景观的严格保护地域（绝对保护区）；第二种地域，是第一种地域周围，即有历史建筑，又有以后不同时期形成的建筑群，在这种地域中主要考虑景观的配合、呼应和衬托关系。

②建筑物限制规划

上述7个美观区域周围都有一个规定的建筑物限制区域。在这些区域之内的建筑物的新建、改建、扩建或者色彩变更，都要征求京都景观风貌审议会议的意见，必要时可以提出协助改动的意见。另外，京都对规划区内有构筑物最高不可超过50m的规定。

③历史建筑群成片的保存

规划提出的历史建筑群保存的地段有三处。产宁坂地区、祗园新桥地区、嵯峨岛居本地区。

2. 京都城市风貌保护的教训

尽管京都的城市风貌保护取得了很高的成就，但是在日本经济快速发展的过程中，也出现了一些破坏性的建设。最典型的例子就是京都车站，按保护法规来讲它是满足要求的。这是一个融车站、公众活动、餐饮、观光及文化娱乐活动为一体的现代样式的大楼，外观全是金属与玻璃的新颖组合。这么个庞然大物当然引起京都风貌维护者的不满，认为破坏了城市优美的景观。

五、对我国城市开展风貌保护的启示

"他山之石，可以攻玉。"日本城市风貌保护的实践经验给我们带来诸多重要的启示。京都是日本着重保护的古都之一。虽然在日本经济高速发展的过程中也曾对其历史环境造成一定的破坏，但随后《古都保存法》、《文化财保护法》等的出台和修订，使人们保护的意识不断提高。

中国城市正处在城市高速发展阶段，几乎所有城市都面临发展新城区、改造旧城区的重任，而城市建设中普遍存在的大规模拆旧建新的现象，有重蹈国外城市更新覆辙的危险。因此借鉴国外城市建设的教训和经验，从思想认识上重视并切实加强对城市风貌的保护，有效开展城市风貌的规划和实践工作，应该成为我国城市建设的战略性发展方向。

在今后的城市规划和建设中，注重场所精神的体现、历史文脉以及地域文化的把握，使得城市风貌从单体保护延伸至历史资产的再生与再利用，再到城市新建筑规划设计，都应充分考虑与传统风貌、历史建筑的协调，最终呈现出和谐统一、富有特色的城市风貌。

参考文献

[1] 张松. 历史城市保护学导论[M]（第2版）. 上海：同济大学出版社，2008：136-142.

[2] 阮仪三. 京都考察记[J]. 中国文化遗产，2012（2）：101-105.

[3] 韩骥. 京都、奈良在城市建设中保存古都风貌的经验[J]. 城市规划，1981（1）：63-68.

[4] 刘玉芝. 从奈良、京都的历史遗迹看日本的文化遗产保护[J]. 中国文化遗产，2010（6）：107-109.

作者简介

王　勇，同济大学建筑与城市规划学院，硕士研究生。